Die Untergrundbahn nach Dahlem und Westend

edition.epilog.de

Benutzt die U-BAHN!

Kürzeste Fahrzeit!

Fahrtdauer zwischen zwei Bahnhöfen durchschnittl. **2** Minuten.

Streckenlänge: 80,34 km

Anschluß nach Spandau.
Strb. 54.154
Omb. 31.

Anschluß nach Stadion, Pichelsberg und Spandau.
Strb. 58.75.

Anschluß nach Tegelort, Waidmannsdorf und H...
Strb. 27.28
Omb.

Ruhleben
Stadion
Neu-Westend
Reichskanzlerpl.
Kaiserdamm
Soph.-Charlotte-Pl.
Wilhelmpl.
Städt. Oper (Bismarckstr.)
Knie
Zoolog. Garten
Wittenbergpl.
Nollendorfpl.
Uhlandstr.
Nürnberger Pl.
Hohenzollernplatz
Fehrbelliner Pl.
Schmargendorf
Heidelberger Pl.
Rüdesheimer Pl.
Podbielskiallee
Breitenbachpl.
Dahlem-Dorf
Thielpl.
Onkel Toms Hütte
Oskar-Helene-Heim
Krumme Lanke
Grunewald

Seestr.
Leopoldpl.
Bhf. Wedding
Reinickendorfer
Schwar...

Vikt.-Luise-Pl.
Bayerischer Pl.
Stadtpark
Hauptstr.
Bülowstra...
Kurf...
Pot...

Abb. 1. Das Berliner U-Bahnnetz von 1930.

Paul Wittig · Johannes Bousset · Gustav Kemmann · Alfred Grenander

Die Untergrundbahn nach Dahlem und Westend

Zeitreisen zur Kultur + Technik
Herausgegeben von Ronald Hoppe
edition.epilog.de

Bibliografische Information der Deutschen Nationalbibliothek:
Die Deutsche Nationalbibliothek verzeichnet diese Publikation
in der Deutschen Nationalbibliografie; detaillierte bibliografische
Daten sind im Internet über http://dnb.dnb.de abrufbar

Ausgewählt, redigiert und gestaltet von Ronald Hoppe
Herstellung und Verlag: BoD – Books on Demand, Norderstedt

ISBN: 978-3-7578-8381-2

Inhalt

Editorische Anmerkungen

Die Beiträge dieses Buches erschienen
über einen Zeitraum von rund 25 Jahren
in verschiedenen Fach- und Publikums-
zeitschriften. Für diese Ausgabe wurden
die Originaltexte in die aktuelle Recht-
schreibung umgesetzt und behutsam
redigiert. Längenangaben und andere
Maße wurden gegebenenfalls in das
metrische System umgerechnet.

Einige der im Text erwähnten Straßen und Bahnhöfe wurden umbenannt:

Alsenstraße > Fischerhüttenstraße
Auguste-Viktoria-Platz > Breitscheidplatz
Bhf. Zehlendorf-Mitte > Berlin-Zehlendorf
Bhf. Zehlendorf-West > Mexikoplatz
Kaiserallee > Bundesallee
Knie > Ernst-Reuter-Platz
Königsweg > Wundtstraße
Kronprinzenallee > Clayallee
Nettelbeckstraße > An der Urania
Platz B (Westend) > Theodor-Heuss-Platz
Platz F (Westend) > Brixplatz
Reichskanzlerplatz > Theodor-Heuss-Platz
Schlesischer Bahnhof > Ostbahnhof
Seeparkbrücke > Barbrücke
Sesenheimer Str. (nördlicher Abschnitt) > Richard-Wagner-Straße
Spandauer Straße (Zehlendorf) > Onkel-Tom-Straße
Straße 7a (Westend) > Reichsstraße
U-Bhf. Stadion > Olympia-Stadion
U-Bhf. Warschauer Brücke > Warschauer Straße
Wilhelmplatz > Richard-Wagner-Platz

Der hier beschriebene U-Bahnhof **Bismarckstraße** trägt heute den Namen
›Deutsche Oper‹. Der jetzige U-Bahnhof Bismarckstraße wurde 1978 eröffnet.

Die neuen Strecken in Charlottenburg

POLYTECHNISCHES JOURNAL • 3.3.1906

Vor einem Kreis von Fachleuten fand kürzlich eine Besichtigung der Erweiterungsstrecken der Berliner Hoch- und Untergrundbahn in Charlottenburg statt. Dem bei dieser Gelegenheit Gesehenen und Gehörten sind nachstehende Angaben über den äußerst interessanten Bau entnommen, die in der Voraussetzung mitgeteilt seien, dass jeder weitere Ausbau einer Verkehrseinrichtung, wie der Berliner Hoch- und Untergrundbahn, in Hinsicht auf die heutzutage so oft erörterten Berliner Verkehrsfragen für Laien und Fachleute sowohl ein allgemein-technisches wie auch verkehrstechnisches Interesse haben dürfte.

Wenn die neue Strecke – wie wir weiter unten sehen werden – in teilweise noch wenig bebaute Gegenden Charlottenburgs und Westends führt und somit mangels eines ausreichenden Verkehrs eine Ertragsfähigkeit dieser Teile der neuen Bahn zunächst nicht sicher ist und wohl auch nicht erwartet wird, so muss für die Gesellschaft für Hoch- und Untergrundbahnen eine bestimmte Veranlassung vorgelegen haben, die Strecke dennoch so weit auszubauen. Und in der Tat ist hierbei die Gesellschaft einem ihr von drei Seiten nahegelegten Wunsch gefolgt. Zunächst ist es der preußische Fiskus, der eine Verbindung der in Frage stehenden Gebiete mit dem Innern der Reichshauptstadt – und zwar in Anlehnung an die vom Kaiser angeregte und teilweise schon ausgeführte sogen. Heerstraße Berlin – Döberitz – wünscht; sodann muss die Gemeinde Charlottenburg ein lebhaftes Interesse an einer Verkehrsverbindung der bisher nur wenig oder gar nicht vom Verkehr berührten Gegenden von Witzleben, des Königsweges usw. haben, wodurch eine weitere Möglichkeit der

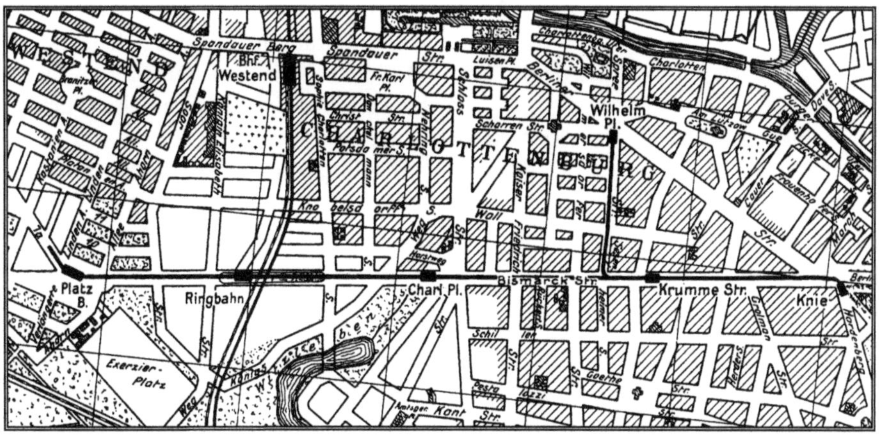

Abb. 2. Die neuen Strecken der Berliner Hoch- und Untergrundbahn in Charlottenburg.

Ausdehnung der in letzter Zeit mächtig emporgeblühten Stadt Charlottenburg gegeben ist; und schließlich ist es die **Neu-Westend-Terrain-Gesellschaft**, die eine schnelle und billige Verbindung Westends mit Berlin herbeisehnt und die daher ebenfalls eifrig für die Fortsetzung der Untergrundbahn wirkte. Diesen drei Faktoren, deren Hilfe sowohl in materieller Unterstützung, wie auch in einer Förderung der Vertrags-, Konzessions-, Übergabegeschäfte usw. bestand, ist die unverzügliche Inangriffnahme und die teilweise schnelle Vollendung der neuen Strecke neben den beteiligten ausführenden Gesellschaf-

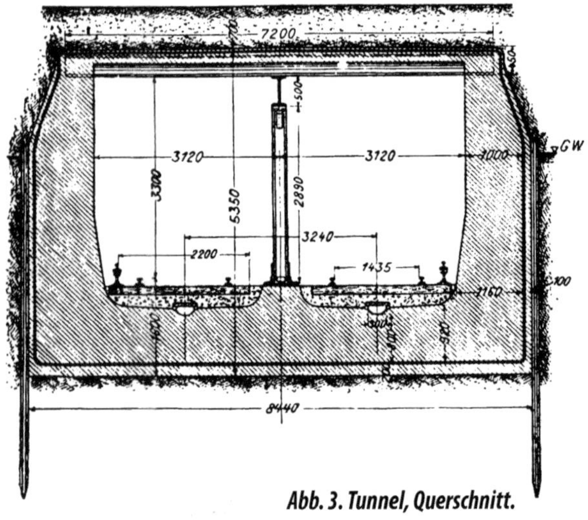

Abb. 3. Tunnel, Querschnitt.

ten – der Gesellschaft für Hoch- und Untergrundbahnen und den Siemens-Schuckert-Werken – zu verdanken.

Der Erweiterungsbau der Hoch- und Untergrundbahn zerfällt in eine Hauptstrecke Knie – Westend und eine Nebenstrecke Krummestraße – Wilhelmplatz *(vgl. den Plan Abb. 2)*. Von Station Knie aus wendet sich die Bahn in einem scharfen Bogen nach links zur Bismarckstraße und verläuft in deren Zug unter der Krumme und Sesenheimer Straße hindurch zum Sophie-Charlotte-Platz; weiter wird in gerader Linie nach Kreuzung der Nordringstrecke der Berliner Ringbahn, der Königin-Elisabeth- und der Soorstraße die Endstation auf Platz B und Straße 7a in Westend erreicht. Von dieser Hauptstrecke zweigt nun von Station Krummestraße eine Nebenstrecke ab, die durch die Sesenheimer Straße zum Wilhelmplatz in Charlottenburg führt. Die Hauptstrecke vermittelt den eigentlichen Durchgangsverkehr von Berlin über Charlottenburg nach Westend. Sie hat, vom Knie aus, folgende Haltestellen: Krummestraße, Sophie-Charlotte-Platz, Station Ringbahn und den Endpunkt Platz B. Die ganze Strecke Knie – Platz B mit der Abzweigung ist etwa 4,5 km lang; die einzelnen Haltestellen haben einen mittleren Abstand von 900 m. Die Nebenstrecke Krummestraße – Wilhelmplatz hat keine weitere Haltestelle. Es soll hier später ein sogen. Pendelverkehr zwischen der Haltestelle Krumme Straße und dem Endpunkt Wilhelmplatz eingerichtet werden.

In Bezug auf den Ausbau der auf ihrer ganzen Länge als Untergrundbahn ausgeführten neuen Strecke hat man sich selbstverständlich in ausgedehntestem Maße die beim Bau der älteren bestehenden Strecken gesammelten Erfahrungen zunutze gemacht.

Die Einzelheiten der Bauausführung lehnen sich daher auch eng an die der Strecke Nollendorfplatz – Knie (Charlottenburg) an.

Die Steigungen sind meist geringer, als bei den schon bestehenden Strecken. Vom Knie ab verläuft die Bahn zuerst waagerecht und steigt etwas bis zur Krumme Straße, um nach einer kurzen waagerechten Strecke bis zum Endpunkt

Platz B beständig anzusteigen. Die Nebenstrecke Krumme Straße – Wilhelmplatz verläuft waagerecht.

Die Tunnelstrecke *(Abb. 3)* liegt 0,7 m bis zu 1 m unter dem Straßenniveau. Die Höhe des Tunnels ist 3,3 m, die Breite für eine Durchfahrt 3,12 m. Die Tunnelwände sind aus Beton (Mischung 1:7) und haben eine Wandstärke von 1 m bis zu 1,2 m. Wegen des Grundwassers, unter dessen Spiegel die Tunnelsohle häufig liegt, wurde diese mit einer Betonsohle von ungefähr 1 m mit dreifacher Teerpappendichtung versehen. Diese Betonsohle war natürlich entbehrlich da, wo die Tunnelsohle oberhalb des Grundwasserspiegels lag. Die Tunneldecke wird von Betonkappen gebildet, die sich zwischen Querträgern ausbreiten. Letztere stützen sich auf Längsträger, die auf Säulen ruhen *(Abb. 4)*. Das Einstampfen der Betonkappen geschieht in bekannter Weise durch Lehrgerüste. Zur Isolierung der Tunneldecke gegen Feuchtigkeit von oben wurde eine zweifache Teerpappenschicht verwendet, über welche noch eine Beton- oder Mauersteinschicht gelegt wurde.

Die Ausführung der ganzen Strecke geschah ebenso, wie bei den alten Strecken, in offener Baugrube. Die Seitenwände wurden durch Doppel-**T**-Träger mit zwischengesetzten Bohlen und Querstreben abgesteift. Besondere Schwierigkeiten stellten sich nicht in den Weg. Der Baugrund war meistens günstig. So weit harter Ton vorhanden war, konnte die Tunnelsohle darauf unmittelbar errichtet werden. Nur hinter dem Sophie-Charlotte-Platz bestand der Grund aus Moor und darunter Diatomeenerde. Man trieb deshalb Pfähle bis zum festen Baugrund ein, verband sie zu einem Pfahlrost und baute dann auf diesem künstlichen Grund den Tunnel in der beschriebenen Weise auf. In Entfernungen von 200 m sind Einsteigeschächte angebracht, die bei Unglücksfällen ein Verlassen der Bahn ermöglichen. Zum Ableiten von Regenwasser dienen gemauerte Kanäle, die unterhalb der Gleise verlegt sind.

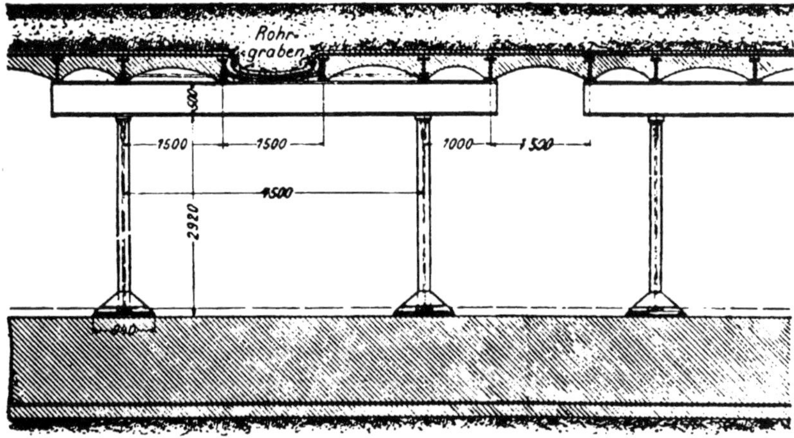

Abb. 4. Längsschnitt der Untergrundbahn.

Die Bahn weist zwei besonders interessante Stellen auf. In erster Linie ist dies die elektrische Unterstation hinter der Abzweigung der Haltestelle Krumme Straße. Die Anlage einer solchen Unterstation war deshalb notwendig, weil das Hauptkraftwerk der Hoch- und Untergrundbahn in der Trebbiner Straße von den neuen Erweiterungsstrecken zu weit entfernt liegt, um eine Versorgung der neuen Anlagen mit Gleichstrom von 750 Volt lohnend zu machen. Das Hauptwerk Trebbiner Straße versorgt deshalb die unterirdisch angelegte Unterstation Krumme Straße mit hochgespanntem Drehstrom von 10 000 Volt bei 40 Perioden, welcher dann auf Gleichstrom von 750 Volt umgeformt wird. Zu diesem Zweck besteht auf der Unterstation zunächst ein Hochspannungsschaltraum, in welchem sich die Hochspannungstransformatoren sowie die Schalttafeln

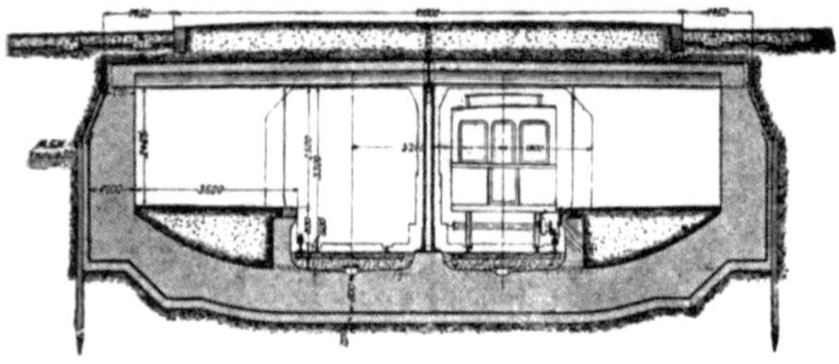

Abb. 5. Tunnel für Haltestelle, Querschnitt.

mit Ölschaltern für letztere und für die Speisekabel befinden. Sodann ist ein Umformerraum vorgesehen, in welchem fünf Drehstrom-Gleichstromumformer aufgestellt sind. Zu jedem Umformer gehört ein Drehstrom-Öltransformator für 800 KVA mit einem Übersetzungsverhältnis von 10 000 : 500 Volt; mittels der erwähnten Umformer findet dann eine weitere Umwandlung in Gleichstrom von 780 Volt statt. Der dritte Raum ist der Maschinenraum, in welchem die Hauptschalttafel untergebracht ist, von

welcher die Hochspannungsapparate durch Fernsteuerung und die Umformer, sowie die Schaltapparate der Pufferbatterien und die Blockeinrichtung bedient werden; sodann befindet sich hier eine Schalttafel für die Verteilungsleitungen, für die Beleuchtungs- und die Signaleinrichtungen, und endlich eine dritte für zwei kleinere Transformatoren von je 185 KVA und 500 Volt sekundär. Letztere sind zum Betrieb von Pumpen und Ventilatoren aufgestellt. Ein vierter Raum dieser Unterstation enthält die Pufferbatterien (geliefert von der Akkumulatorenfabrik AG, Hagen-Berlin), und zwar eine für die Kraftleitung von 370 Zellen mit einer Kapazität von 900 Amperestunden bei einstündiger Entladung, eine für die Lichtleitung und eine für die Blockeinrichtung, jede bestehend aus 70 Zellen mit einer Kapazität von 165 Amperestunden. Jede Pufferbatterie hat zwei Zusatzmaschinen. Die Maschinen- und Batterieräume haben Oberlichtfenster, dagegen der Hochspannungsraum künstliche Beleuchtung. Die Lüftung erfolgt mittels Ventilatoren durch einen zur Erdoberfläche geführten weiten Luftschacht.

Der zweite interessante Punkt der neuen Strecke betrifft die Überführung der Ringbahn. Hier ist eine Brücke von zwei Etagen angelegt, deren obere für den Straßenverkehr und deren untere

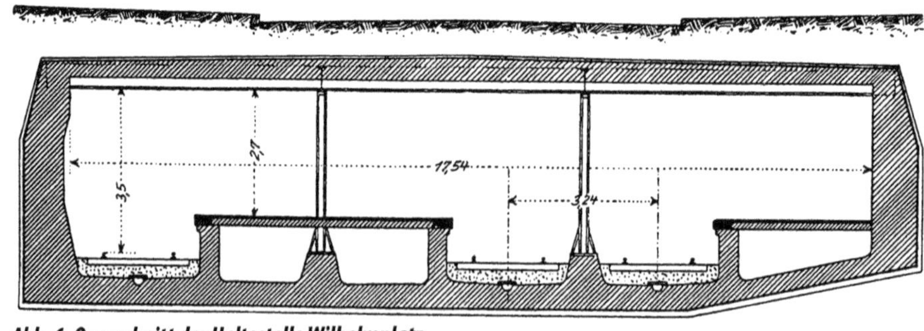

Abb. 6. Querschnitt der Haltestelle Wilhelmplatz.

für den Untergrundbahnverkehr dient. Kurz vor dieser Überführung erweitert sich der Tunnel der Untergrundbahn und beide Gleise überschreiten nun, getrennt durch einen ungefähr 1,5 m breiten Gang, der zur Streckenkontrolle dient, die Gleise des Nordrings, um sich hinter der Brücke wieder in einem gemeinsamen Tunnel zu vereinigen.

Die Anlage der Bahnsteige ist im Allgemeinen die gleiche wie bei den schon bestehenden Stationen *(siehe Abb. 5)*. Die Gleise liegen in der Mitte der Haltestelle und seitlich eines jeden Gleises je ein Bahnsteig. Jede Haltestelle hat im Allgemeinen nur die den beiden Fahrtrichtungen entsprechenden zwei Gleise; jedoch haben die Endpunkte Wilhelmplatz *(Abb. 6 u. 7)* und Platz B zwecks Aufstellung von Reservezügen und Vermeidung von Stockungen im Verkehr mehr als zwei Bahnsteige, der letztere außerdem noch einen umfangreichen Bahnhof unterhalb der Straße 7a.

gemeinsamen Bahnsteig. Bei dieser Anordnung kann ein Umsteigeverkehr von einer Linie auf eine andere ohne großen Zeitverlust vor sich gehen, da gewöhnlich derselbe Bahnsteig zu benutzen ist.

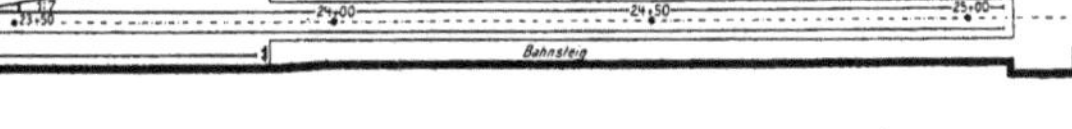

Abb. 7. Grundriss der Haltestelle Wilhelmplatz.

Nur zwecks Umsteigens von einem Zug Westend – Berlin auf einen Zug Krumme Straße – Wilhelmplatz oder umgekehrt ist ein Wechsel des Bahnsteigs nötig, der aber durch eine beide Bahnsteige verbindende Überführung so bequem wie möglich gemacht wird.

Wie man aus der *Abb. 8* ersieht, kreuzt das von Berlin nach Westend führende Gleis I die beiden nach dem Wilhelmplatz führenden beiden Gleise II und III. Die Betriebssicherheit wäre nun arg gefährdet, wenn die Kreuzung bei den drei Schienensträngen im selben Niveau erfolgen würde. Es wurde deshalb das

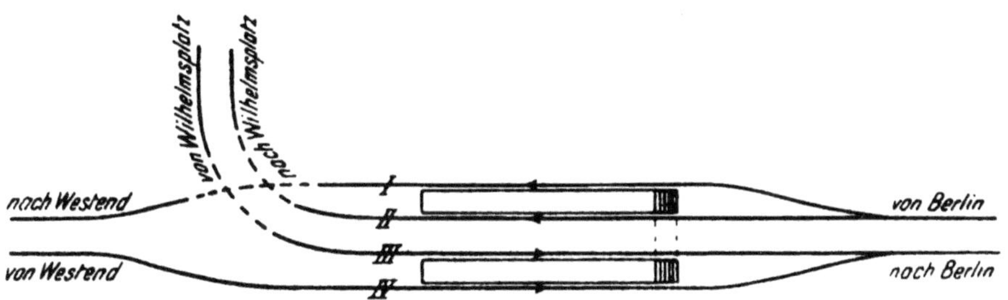

Abb. 8. Haltestelle Krummestraße.

Ferner hat die Haltestelle Krumme Straße als Abzweigstelle vier Gleise, nämlich zwei für den Durchgangsverkehr nach Westend und zwei für den Abzweigverkehr nach dem Wilhelmplatz. Je zwei Gleise derselben Fahrtrichtung haben, wie *Abb. 6* zeigt, einen

Gleis I unter die beiden Gleise II und III hindurchgeführt, wobei das erstere gesenkt, die beiden letzteren gehoben werden mussten. Die dabei vorkommenden Steigungen sind etwas geringer als die Rampensteigung am Nollendorfplatz (1:32). Die Tunnel wurden dabei als Tonnengewölbe ausgeführt. Die Sohle des unteren, das Gleis I enthaltenden

Tunnels liegt in ihrem tiefsten Punkt 14 m unter dem Straßenterrain.

Die Haltestellen Krumme Straße und Wilhelmplatz sind ebenso wie die Strecke Knie – Krumme Straße – Wilhelmplatz nahezu fertiggestellt, abgesehen von der elektrischen Ausrüstung, so dass der Betrieb aller Voraussicht nach im Juni dieses Jahres aufgenommen werden kann. Auf der übrigen Strecke Krumme Straße – Platz B (Westend) dagegen sind zum Teil die Ausschachtungsarbeiten noch nicht beendet.

Die Kosten der neuen Strecke sind gegenüber denen der älteren verhältnismäßig gering. Die Gesamtkosten der 4,5 km langen Linie betragen etwa 10,5 Mill. Mark[1], also f. d. Kilometer annähernd 2,4 Mill. Mark. Als Gegenstück dazu seien die Kosten der demnächst auszuführenden Strecke Potsdamer Platz – Spittelmarkt angeführt, die für die 2 km lange Strecke 18 Mill., also f. d. Kilometer 9 Mill. Mark betragen.

Die Berliner Hoch- und Untergrundbahn hat mit Einrechnung der neuen Strecken eine Gesamtlänge von über 15 km. • *A. Br.*

---

1) rd. 75 Mill. € in 2022

Abb. 9. Vorraum der Haltestelle Wilhelmplatz von Alfred Grenander.

Heinrich Schmidt

Der Abzweigungsbahnhof Bismarckstraße

ELEKTRISCHE KRAFTBETRIEB UND BAHNEN • 3.3.1906

Die im Jahr 1902 eröffnete elektrische Hoch- und Untergrundbahn in Berlin hat sich immer mehr zu einem wichtigen Glied der Berliner Lokalverkehrsmittel entwickelt, so dass die Erweiterung des Unternehmens allseitig freudig begrüßt wird. Gegenwärtig ist in Charlottenburg eine rd. 3,5 km lange Erweiterungsstrecke vom Knie nach Westend mit einer seitlichen Abzweigung nach dem Wilhelmplatz im Bau begriffen. Die Seitenlinie nimmt ihren

nie wird sich wohl gleich einer regen Benutzung erfreuen, die sich bei einer Fortführung der Bahn nach der Jungfernheide noch steigern wird, wenn auch zu erwarten steht, dass in Zukunft der Verkehr mit Westend der bedeutendere wird. Es lässt sich zurzeit noch nicht übersehen, in welcher Weise der Betrieb später auf den Strecken zu führen ist, d.h. ob durchgehende Züge sowohl nach Westend als auch nach dem Wilhelmplatz eingerichtet werden oder

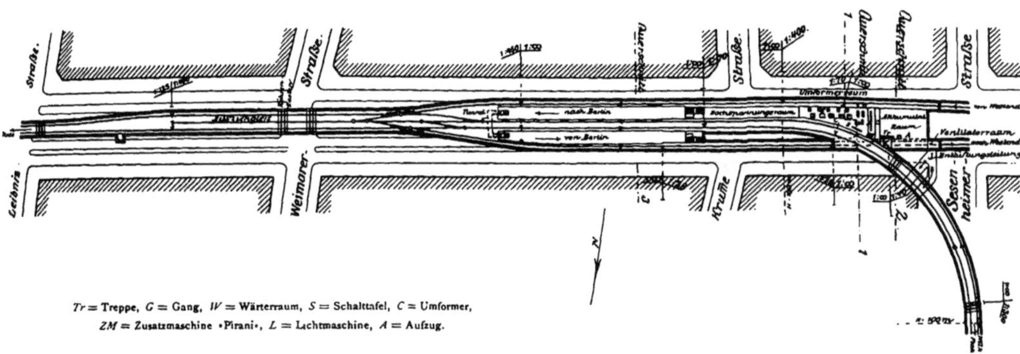

Abb. 10. Haltestelle Bismarckstraße.

Anfang beim Bahnhof Bismarckstraße, von dem hier eine kurze Beschreibung gegeben werden soll.

Die Westendstrecke dient im Wesentlichen der Aufschließung neuer Stadtteile und dem Verkehr nach dem Grunewald und wird daher vorerst nur an Sonntagen einen größeren Verkehr aufweisen. Der Wilhelmplatz dagegen ist ein Hauptverkehrspunkt Charlottenburgs, und die dahin führende Li-

ob auf einer dieser Strecken ab Bahnhof Bismarckstraße nur ein Pendelverkehr eingerichtet wird, und schließlich ist auch die Richtung des Verkehrs an Sonntagen eine andere als an Werktagen. Die Entscheidung hierüber muss der Zukunft vorbehalten bleiben.

Um für alle Fälle gerüstet zu sein, wird der Bahnhof Bismarckstraße als

Abzweigungsbahnhof ausgebaut. Damit bei Bedarf später auf beiden neuen Strecken gleichzeitig dieselbe engste Zugfolge wie auf der Stammstrecke möglich ist, musste die Abzweigung vor, d. h. östlich des Bahnhofes erfolgen und letzterer viergleisig werden.

Der im Lichten 24,35 m breite Bahnhof konnte bequem in der Straße untergebracht werden und erhält vier Gleise, zwei für jede Richtung und zwei Inselbahnsteige.

Der nördliche Bahnsteig dient dem Verkehr von Berlin nach Westend und dem Wilhelmplatz, der südliche dient dem Verkehr nach Berlin. Die beiden inneren Gleise werden von den Zügen nach und von dem Wilhelmplatz, die beiden äußeren von den Zügen nach und von Westend befahren. Müssen die Fahrgäste umsteigen, sei es, dass sie mit einem Zug der anderen Strecke ankommen, sei es, dass die weiter zu befahrende Strecke nur mit Anschlusszügen betrieben wird, dann ist ein Verlassen des Bahnsteiges nicht notwendig, denn der gewünschte Zug fährt auf der anderen Seite desselben Bahnsteiges ein. Eine Ausnahme besteht für den Verkehr zwischen Wilhelmplatz und Westend. Die Zahl der Fahrgäste auf dieser Strecke wird voraussichtlich gering sein, könnte sich aber bei Fortführung der Bahn über die jetzigen Endpunkte hinaus wesentlich steigern. Um diesen Fahrgästen die Überschreitung der beiden Sperren und der Straße zu ersparen, sind die beiden Bahnsteige durch einen unter den Mittelgleisen hinführenden Tunnel verbunden.

Bei der dichten Zugfolge waren im Interesse eines sicheren und flotten Betriebes Kreuzungen der Hauptgleise in Schienenhöhe zu vermeiden, wie dies auch bereits bei dem Gleisdreieck der Hochbahn geschehen ist.

Die beiden nach dem Wilhelmplatz führenden Gleise behalten ihre Höhenlage nahezu bei und biegen mit einer Krümmung von 100 m Halbmesser in die Sesenheimer Straße ein.

Es lag nahe, die voraussichtlich wichtigeren Westendgleise horizontal durchzuführen und mit dem vom Wilhelmplatz kommenden Gleis zu tauchen. In diesem Fall hätte dies ohnehin scharf gekrümmte Gleis unmittelbar vor der Einfahrt in den Bahnhof noch eine, nur in der Steigung zu befahrende steile Rampe erhalten, wodurch der Betrieb sehr erschwert worden wäre. Man zog es deshalb vor, das nach Westend führende gerade Gleis zu tauchen; die nur abwärts zu befahrende Rampe unmittelbar hinter der Haltestelle hat eine Steigung von 1:29, die aufsteigende Rampe hinter der Unterführung eine solche von 1:40. Das große Gefälle bzw. die geringe Länge der ersteren Rampe war geboten, um die Ausgangstreppen möglichst nahe der Krumme Straße anordnen zu können. An der tiefsten Stelle der Unterführung ist ein Sumpf für etwaiges Sickerwasser angeordnet, dessen Entleerung in die städtische Kanalisation erfolgt.

Wie erwähnt, liegen die Weichen östlich vom Bahnhof. Zwischen den beiden Hauptgleisen ist hier für das Umsetzen der Pendelzüge ein Auszuggleis angeordnet. Pendelzüge nach und vom Wilhelmplatz kreuzen die Hauptgleise nicht, dagegen würde bei einem Pendelbetrieb der Westendlinie die Kreuzung der Hauptgleise beim Umsetzen erforderlich sein.

Die sonstigen Abmessungen des Bahnhofes gehen aus den Zeichnungen hervor. Die Bahnsteige sind rd. 110 m lang, entsprechend einem Zug von acht Wagen. Die Bahnsteigmauern sind aus Beton gestampft und auf der Vorderseite zur

Aufnahme der Arbeitsleitungen ausgespart. Entsprechend der größeren Breite wurde auch die Lichthöhe der Haltestelle auf 4,30 m vermehrt. Die Tunnelwände und die Sohle sind in üblicher Weise aus Stampfbeton hergestellt und gegen das Grundwasser abgedichtet. Die Decke besteht aus Blech- bzw. Walzträgern mit zwischengespannten Betonkappen.

Um der Haltestelle Tageslicht zuzuführen, sind in der Tunneldecke Oberlichter vorgesehen, und zwar einerseits in dem Schutzstreifen zwischen dem Hauptfahrdamm und den Straßenbahngleisen, anderseits zwischen dem Reitweg und dem Hauptfahrdamm.

Die beiden Westendgleise vereinigen sich eine Strecke hinter dem Bahnhof wieder zum normalen Tunnel.

Die gegenwärtige Endhaltestelle Knie ist 4,5 km vom Kraftwerke in der Trebbiner Straße entfernt; dies ist die Grenze, bis zu der eine unmittelbare Versorgung mit Gleichstrom zulässig ist. Für die im Bau begriffenen Erweiterungsstrecken nach dem Wilhelmplatz und Westend bzw. für deren etwaige Verlängerungen war eine anderweitige Stromversorgung vorzusehen.

Bei dem allmählichen Ausbau der Erweiterungslinien würde ein neues Kraftwerk zunächst nur wenig ausge-

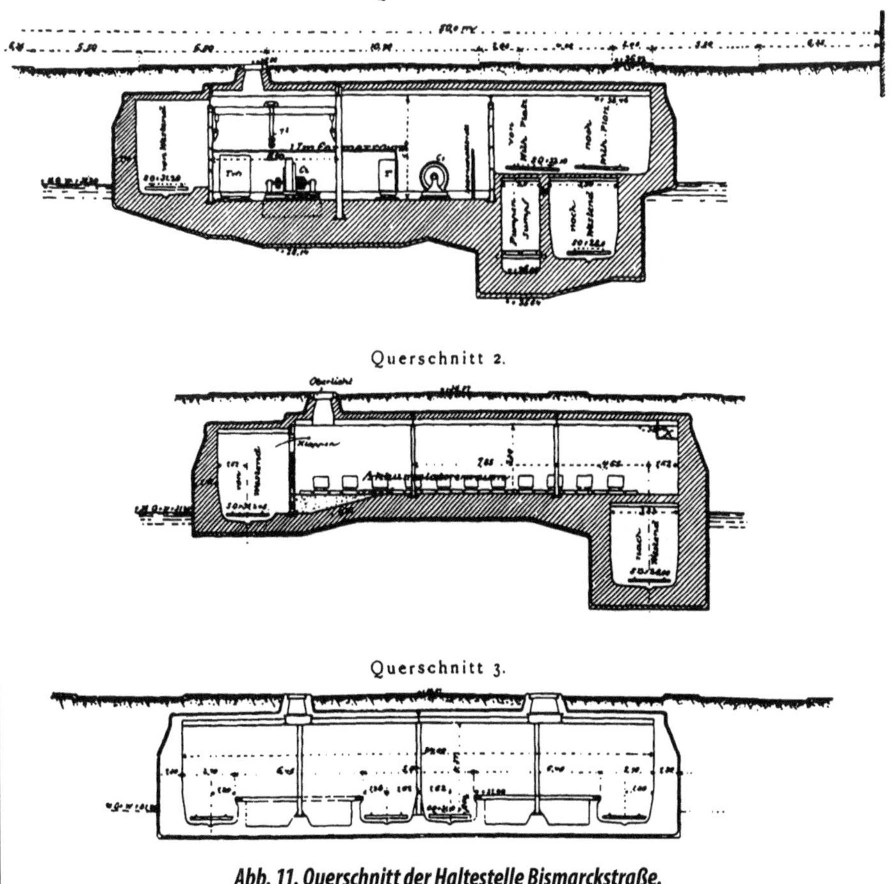

Querschnitt 1.

Querschnitt 2.

Querschnitt 3.

Abb. 11. Querschnitt der Haltestelle Bismarckstraße.

nutzt werden, auch ist ein geeigneter Bauplatz schwer zu beschaffen. Da das Werk in der Trebbiner Straße noch eine Erweiterung zulässt, die vorerst den neuen Weststrecken dienen kann, soll zunächst der hier zu erzeugende Gleichstrom periodisch in Drehstrom von 10 000 Volt umgewandelt und nach einem Umformerwerk geleitet werden. Ein geeigneter Raum zur Unterbringung des letzteren ergab sich westlich des Bahnhofs Bismarckstraße zwischen dem südlichen Gleis und den Gleisen nach dem Wilhelmplatz, so dass jeglicher Geländeerwerb entfiel. Von hier aus wird dann auch die Strecke Zoologischer Garten – Knie versorgt, da dort bei späterer Zugvermehrung die vorhandene Spannung nicht mehr ausreichen wird.

Nach vollem Ausbau hätte das Unterwerk 10 km Betriebsstrecke zu speisen, die rd. 2700 KW erfordern; das Werk erhält daher fünf Umformersätze von je 650 KW, von denen einer als Reserve dient.

Der im Kraftwerk Trebbiner Straße erzeugte Drehstrom von 10 000 Volt wird durch dreifach verseilte, mit Stahlband armierte Kabel in das Unterwerk geleitet und dort durch Umformer in Gleichstrom von etwa 750 Volt umgewandelt. Für die Wahl dieses Systems an Stelle von Motorgeneratoren waren der geringere Raumbedarf und der bessere Wirkungsgrad maßgebend.

Zunächst gelangen zwei Umformersätze zur Aufstellung, außerdem aber zur Ausgleichung der Stromstöße eine Pufferbatterie von 370 Elementen, die einen Umformersatz auf etwa eine Stunde ersetzen kann. Soweit die im Bahnbetriebe unvermeidlichen Stromschwankungen nicht von den Umformern selbst aufgenommen werden, dient hierzu die oben genannte Pufferbatterie, die in ihrer Wirkung noch durch eine Batteriezusatzmaschine, System Pirani, unterstützt wird.

Der zur Bedienung der Block- und Signalapparate und der Hochspannungsschalter sowie zur Erleuchtung des Unterwerkes erforderliche Gleichstrom wird durch zwei besondere Umformer L mit je einer kleinen Batterie geliefert.

Die Umformer werden auf Korkunterlagen montiert, um die Erschütterungen von den umgebenden

Baulichkeiten möglichst abzuhalten.

Alle Räume erhalten Tagesoberlicht. Die Wände und Decken des 41 m langen Umformerraumes sind mit weißglasierten Kacheln, der Fußboden ist mit hellen Tonfliesen verkleidet; der Maschinenraum wird durch einen Laufkran von 7 t Tragfähigkeit bestrichen.

Von besonderer Wichtigkeit ist bei einer unterirdischen Anlage wie der vorliegenden die Frage der Entlüftung. Damit im Maschinenraum auch bei stärkstem Betrieb die Luft nicht zu sehr erwärmt wird, sind sekundlich 10 m³ Luft aus dem Maschinenraum abzusaugen. Die frische Luft strömt aus dem Tunnel des südlichen Westendgleises durch Klappenöffnungen zu. Die warme Luft wird durch einen in der Decke angeordneten Kanal K den elektrisch betriebenen Ventilatoren zugeführt, die sie in einen in der Tunneldecke liegenden Kanal drücken, der auf dem Eckgrundstück Bismarck- und Sesenheimer Straße in einen Schornstein oder Schacht enden wird.

Der Akkumulatorenraum steht durch Klappen unmittelbar mit der Ventilatorkammer in Verbindung.

Für das Einbringen der Säureballons und etwaiger Ersatzteile in den Batterieraum ist am Kopf der Treppe Tr ein kleiner Schacht mit Handaufzug A vorgesehen. Die Maschinenräume sind sowohl von der Treppe Tr als auch vom Bahnsteig aus zugänglich. Für den Transport großer Maschinenteile ist in der Tunneldecke eine mit eisernem Deckel verschlossene geräumige Öffnung vorhanden, die zum jeweiligen Gebrauch freigelegt werden muss.

Die Ausführung der Erweiterungsstrecken einschließlich der betriebsfertigen Einrichtung des Unterwerks erfolgt für die Gesellschaft für elektrische Hoch- und Untergrundbahnen in Berlin durch die Siemens & Halske AG zu Berlin. ❐

Abb. 14. *Der Reichskanzlerplatz mit den Eingangsportalen der Unter-grundbahn fotografiert von Waldemar Titzenthaler im Jahr 1907.*

Paul Wittig

Zur Eröffnung der Untergrundbahn nach Westend

Überblick über Vorgeschichte und Bauausführung der Bahn

FESTSCHRIFT • 16.3.1908

Mit der Neuschaffung des Deutschen Reiches wurde Berlin Reichshauptstadt und Weltstadt zugleich. Sein Wachstum vollzog sich in neuen Formen zu ungeahnter Ausdehnung. Eine Zone neuer Wohnstätten nach der anderen legte sich um den bebauten Kern der Stadt herum und erweiterte die geschlossene Bebauungsfläche unaufhaltsam nach außen. Die Nachbargemeinden und die zahlreichen Vorortinseln wurden von den Armen der Weltstadt umfangen. So wurden die ehemals von Berlin abgetrennt gelegenen Gemeinwesen, wie Charlottenburg, Wilmersdorf, Rixdorf, Reinickendorf, Gesundbrunnen und viele andere räumlich ganz mit Berlin verschmolzen, während gleichzeitig die große Mehrzahl der Außenvororte, unter denen Lichterfelde, Steglitz, Zehlendorf genannt sein mögen, aus kleinen Anfängen den lebhaftesten Aufschwung nahmen.

Angesichts solcher Entwicklung ist die Tatsache auffallend, dass die in den 1860er Jahren von Werckmeister und Quistorp mit den größten Hoffnungen begründete Kolonie Westend trotz ihrer landschaftlich und hygienisch so sehr bevorzugten Lage von dem allgemeinen Aufschwung fast unberührt blieb. Sucht man nach einer Erklärung dafür, so ist sie nur in dem Umstand zu finden, dass es der Kolonie für eine gedeihliche Entwicklung an der wichtigsten Vorbedingung, nämlich an leistungsfähigen Verkehrsverbindungen, fehlte.

Die Abgeschiedenheit, die nach Ansicht der Begründer der Reiz der Kolonie sein sollte, wurde ihr Verhängnis. Lange Zeit war die alte Heerstraße, die seitlich an der Kolonie vorbeiführende Spandauer Chaussee, der einzige Verkehrsweg, der die Verbindung mit Charlottenburg und Berlin vermittelte. Die Lehrter Bahn ließ die Kolonie seitwärts liegen, aber auch der Hinzutritt der Stadt- und

Abb. 15. Anfang der Untergrundbahn am Nollendorfplatz.

Ringbahn vermochte an den Verhältnissen Westends nichts Wesentliches zu ändern, da dieses Verkehrsmittel die Westender Höhe mied und der am Fuße der Kolonie angelegte Bahnhof eine für die Westendbewohner unbequeme Lage

Abb. 16. Eingangsportal und Bahnsteig des Abzweigebahnhof Bismarckstraße.

hatte. Auch die den Spandauer Berg hinaufführende Straßenbahn konnte wirksame Abhilfe nicht schaffen.

Während andere, selbst viel später als Westend begründete Kolonien in der Berliner Umgebung, wie Halensee, Grunewald, und neuerdings Nikolassee, kräftig aufblühen, blieb Westend infolge seines Mangels an guten Verbindungen eine stille Oase. An Vorschlägen, Verkehrsverbesserungen zu schaffen, insbesondere einen direkten Straßenzug zwischen Westend und dem mächtig anwachsenden Charlottenburg herzustellen und weiter auszubauen, hat es zwar nicht gefehlt, doch schienen die Schwierigkeiten einer solchen Anlage unüberwindlich.

Der Initiative Kaiser Wilhelms II. blieb es vorbehalten, der lange zurückgehaltenen Entwicklung nicht bloß von Westend, sondern gleichzeitig des ganzen westlich davon gelegenen Gebietes bis zur Havel durch eine Straßenverbindung größten Stils zum Durchbruch zu verhelfen, welche als die unmittelbare Verlängerung der Straße Unter den Lin-

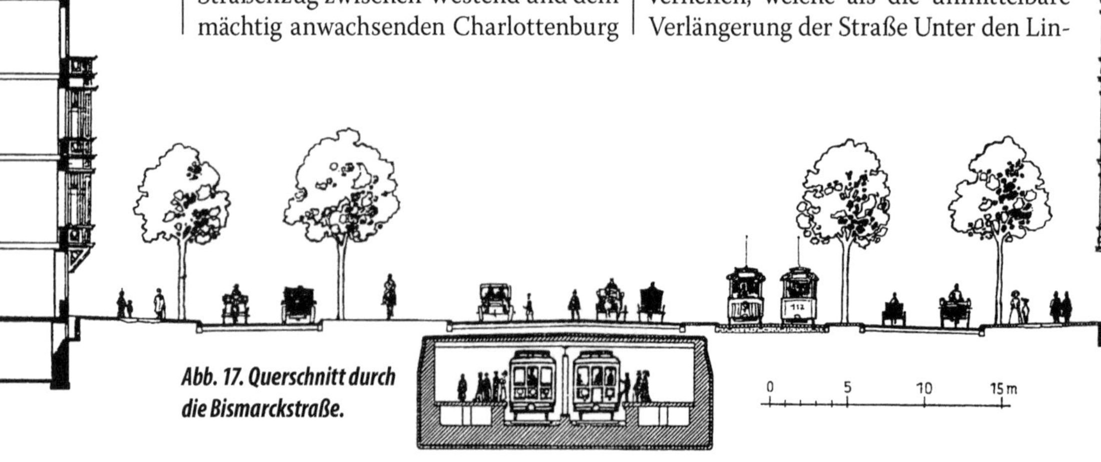

Abb. 17. Querschnitt durch die Bismarckstraße.

Abb. 18. Der Kaiserdamm vom
Sophie-Charlotte-Platz aus gesehen.

den und der Charlottenburger Chaussee sich im Zug der Bismarckstraße in gerader Linie bis zur Havel erstreckt und darüber hinaus bis zum Döberitzer Truppenübungsplatz fortsetzt.

Auf das unmittelbare Eingreifen von allerhöchster Stelle ist es zurückzuführen, dass die Stadt Charlottenburg es übernahm, die bestehende schmale Bismarckstraße zu einer 50 m breiten Hauptstraße umzugestalten und sie in dieser Breite bis auf die Höhe von Westend und weiterhin bis zur Weichbildgrenze auszubauen.

Am 28. Mai 1902 wurde von der Stadtgemeinde Charlottenburg der Beschluss gefasst, der kaiserlichen Idee Folge zu geben und den Erweiterungsbau der Bismarckstraße auszuführen. Sie konnte sich zu dieser Aufgabe um so leichter entschließen, als ihr eine wesentliche Beihilfe durch Überlassung fiskalischen Geländes östlich der Spandauer Verbindungsbahn zu günstigen Bedingungen gewährt wurde. Die Verbreiterung der Bismarckstraße durch Niederlegen der südlichen Häuserflucht bis zum Sophie-Charlotte-Platz wurde noch im selben Jahre eingeleitet. Im weiteren Verlauf ist die Straße unter dem Namen ›Kaiserdamm‹ mit einer breiten Brücke über die Ringbahn und nach Westend über den Reichskanzlerplatz bis an die Spandauer Bahn geführt. Jenseits der Charlottenburger Gemarkungsgrenze durchschreitet die Straße den Grunewald, biegt dann zur Havel ab, durchquert den Stößensee und endet in ihren letzten Teilen in dem Gelände des Döberitzer Heerlagers.

Die Einteilung der Straße ist in *Abb. 17* gezeigt. Die Bürgersteige umschließen drei Fahrdämme, die auf der Südseite durch einen Reitweg und auf der Nordseite durch einen Straßenbahnweg getrennt sind.

Während dieses große Unternehmen Gestalt gewann, war in den Kreisen der Deutschen Bank der Plan gereift, größere Landgebiete, welche die alte Westendkolonie östlich, südlich und westlich

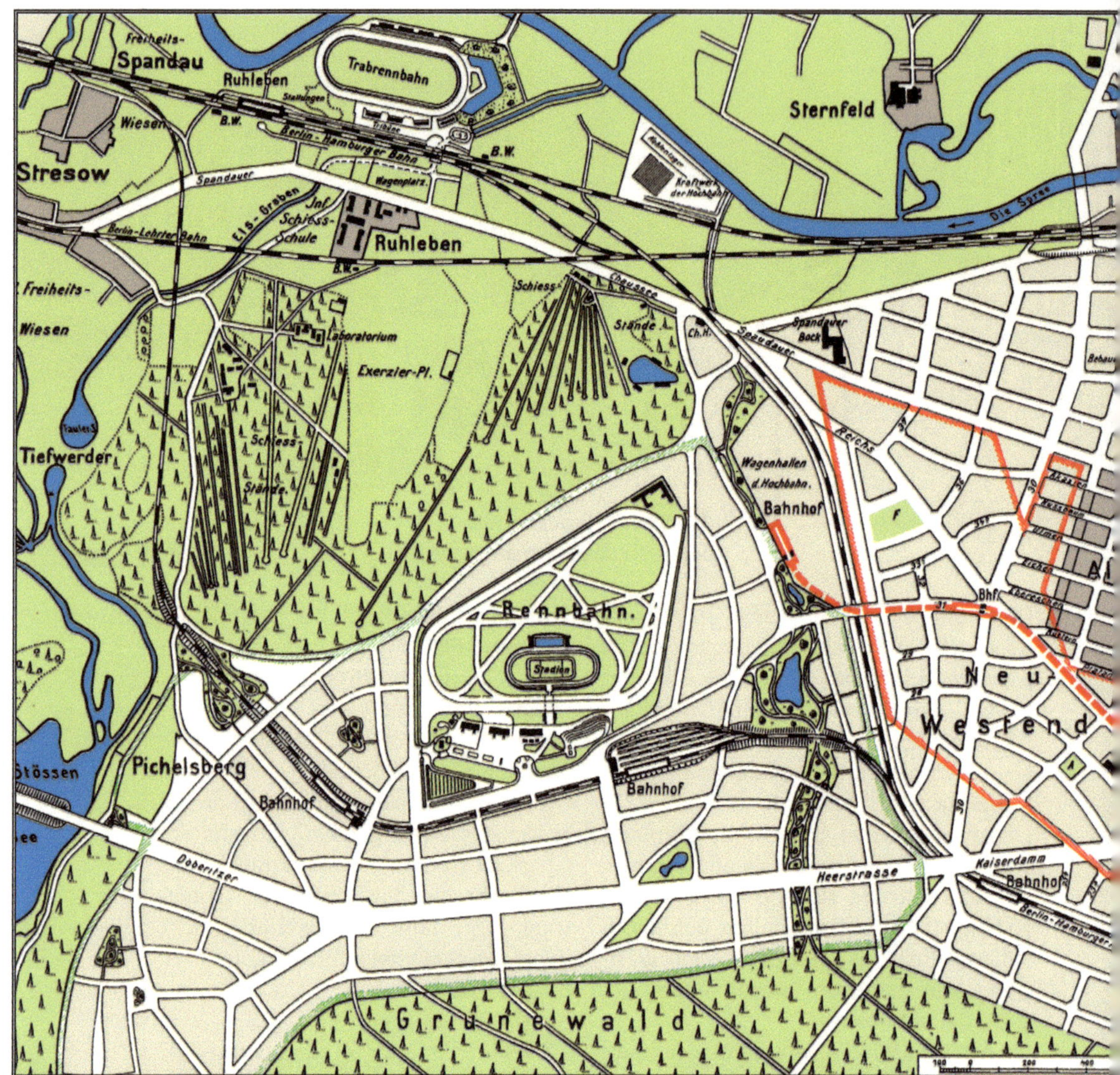

umgeben, zu einem gemeinsamen Besitz zu vereinigen und nach diesem Gelände eine elektrische Bahn zu führen, die von der damals noch im Bau begriffenen Hoch- und Untergrundbahn abzweigen sollte.

Ursprünglich sollte die Stammbahn am Zoologischen Garten ihr Ende finden. Als die Gemeinde Charlottenburg im Jahr 1899 ihre Weiterführung ins

Abb. 19. Charlottenburg im Jahr 1908 und der anschließende Bebauungsplan bis zur Havel.

Innere Charlottenburgs wünschte, hielt man es für gegeben, die Linie vom Knie aus zwar in die Bismarckstraße einzuführen, aus dieser aber nach dem Herzen Alt-Charlottenburgs, dem Wilhelmplatz, abzulenken. Dass die Zukunft Charlottenburgs mehr in der Richtung

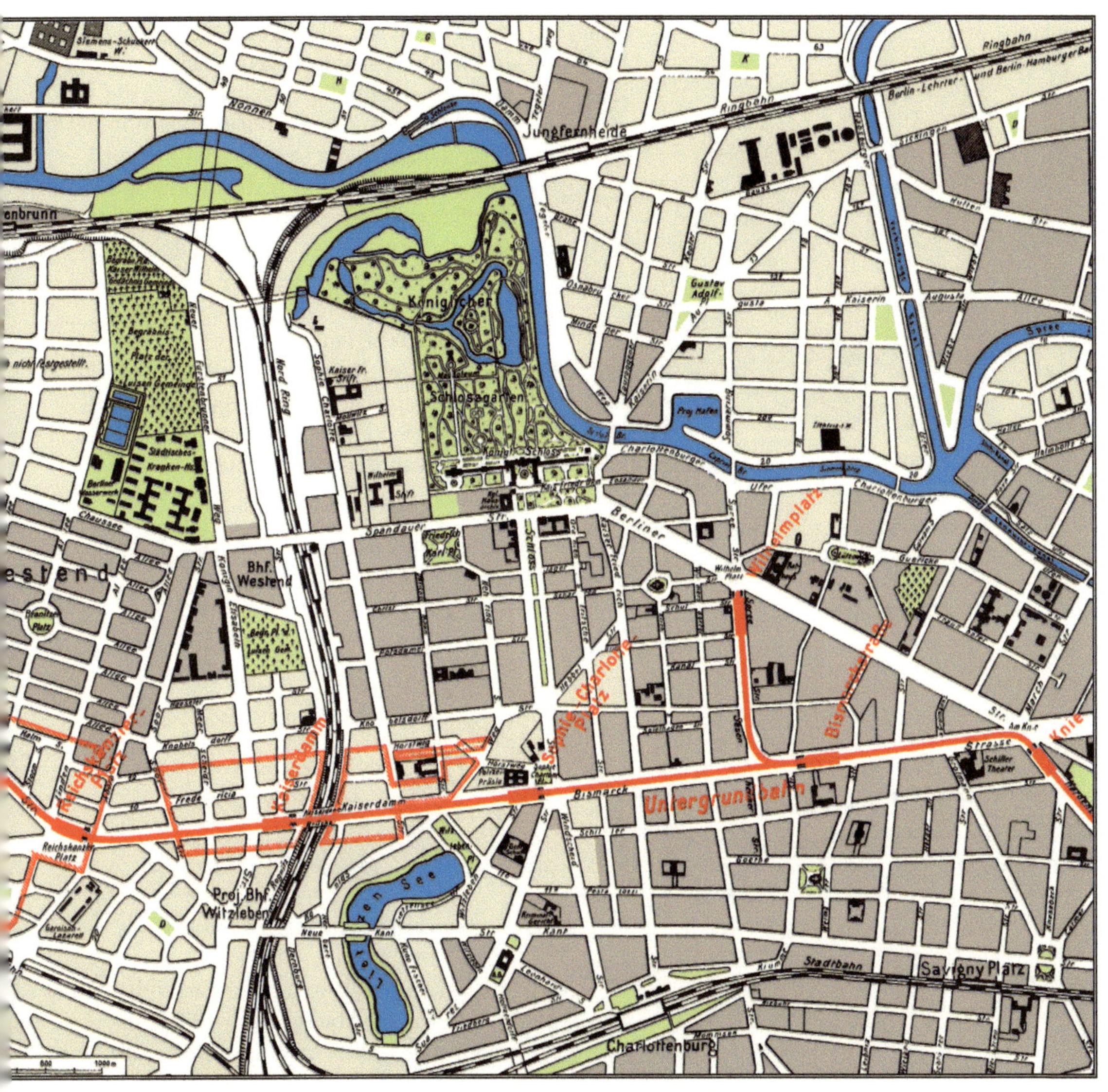

der Bismarckstraße liege, wurde erst offenbar, als der Heerstraßen-Gedanke auftrat – zu spät freilich, als dass es der Hochbahngesellschaft noch möglich gewesen wäre, Charlottenburg zum Verzicht auf die bereits zugesagte Linienführung zum Wilhelmplatz zu bewegen.

So ergab sich die Notwendigkeit, beide Strecken, sowohl die nach dem Wilhelmplatz als die nach Westend, zur Ausführung zu bringen und beide Zweige mittels eines großen Anschlussbahnhofes in der Bismarckstraße zu vereinigen. Wirtschaftliche Betrachtungen ergaben nun, dass die Rentabilität einer nach dem schwach besiedelten Westender Gelände hinauszuführenden Bahn aus den Verkehrseinnahmen nicht erwartet werden konnte, um so mehr, als

Abb. 20. Baustelle des Bahnhof Bismarckstraße.

dafür die kostspielige Form der Untergrundbahn besonders gewünscht wurde. Die Berechnungen zeigten, dass die 4 km lange Strecke einen Zuschuss notwendig machte, der sich nach Millionen bemisst, und dass zur Aufbringung solcher Summen der gesamte Grundbesitz, dem die Vorteile der Bahn zugutekommen, herangezogen werden musste.

Nach längeren Verhandlungen gelang es, die Beteiligten, nämlich die Neu-Westend-Gesellschaft als Besitzerin der von der Deutschen Bank angekauften – auf dem Plan *Abb. 19* mit rotem Randstreifen kenntlich gemachten – rund

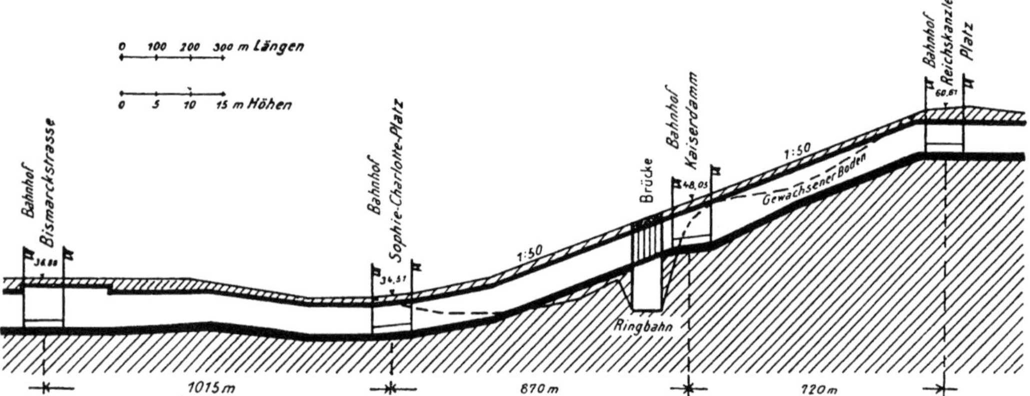

Abb. 21. Längenschnitt der Untergrundbahn nach Westend.

Abb. 22. Betonarbeiten für den Bhf. Bismarckstraße.

160 Hektar Flächenraum umfassenden Ländereien, die Stadtgemeinde Charlottenburg als Besitzerin ausgedehnter im Bahngebiet liegender Geländeflächen und den Forstfiskus als Besitzer des Grunewalds, zur Bereitstellung der für die Bahn erforderlichen Zuschüsse zu bestimmen.

So konnten zwischen den drei Beteiligten und der Hochbahngesellschaft die für das Zustandekommen der Bahn nötigen Verträge geschlossen werden; in diesen war bedungen, dass die Herstellung der Untergrundbahn bis zum

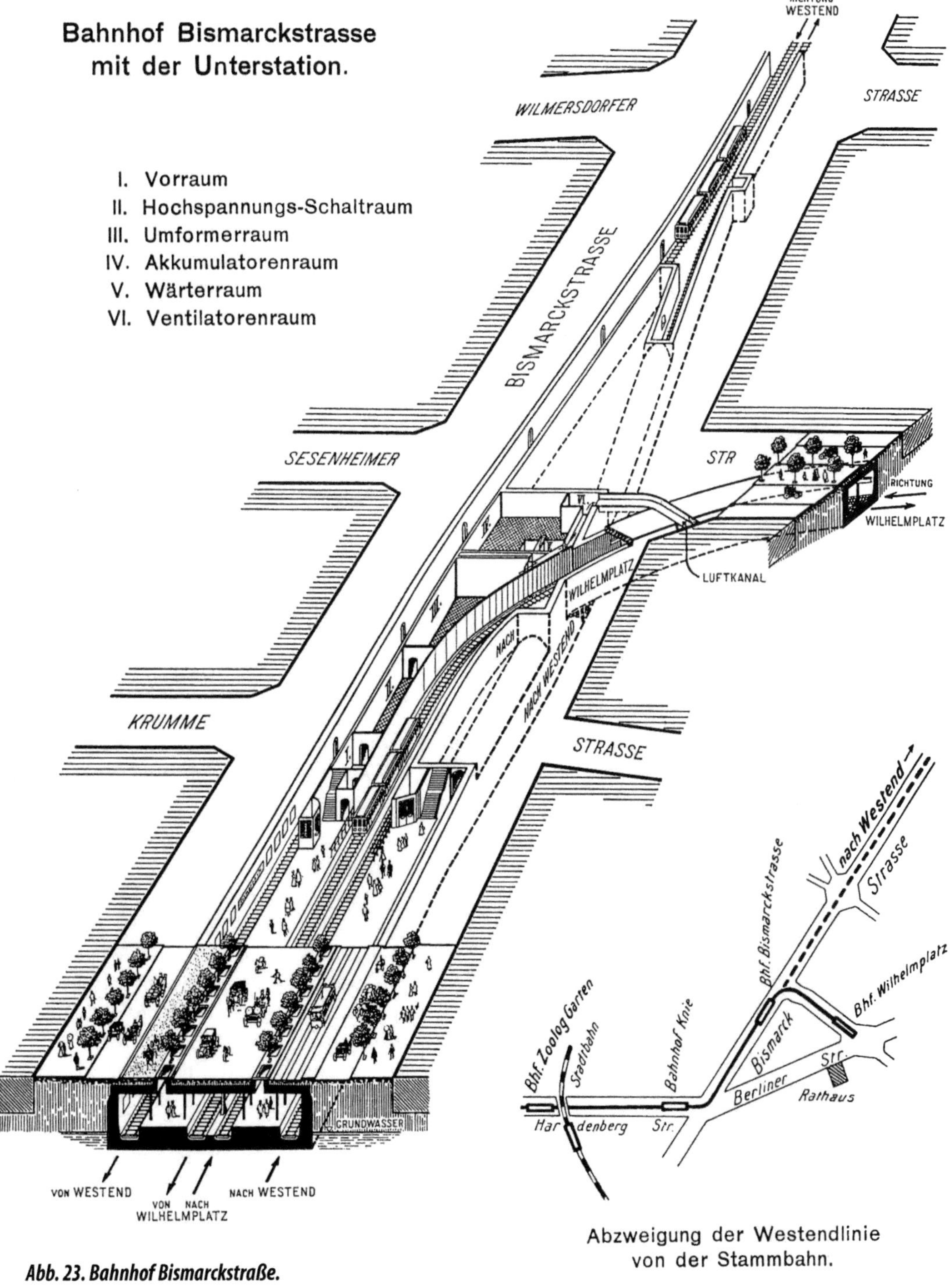

Abb. 23. Bahnhof Bismarckstraße.

Abb. 24. Ausschachtung für den Tunnel am Reichskanzlerplatz.

Abb. 25. Herstellung der Tunnelwände am Kaiserdamm.

Abb. 27. Herstellung der Tunneldecke am Kaiserdamm.

Abb. 26. Blick in den Tunnel.

Reichskanzlerplatz und ihre Inbetriebnahme spätestens am 1. April 1908 stattfinden und eine Verlängerung durch die Reichsstraße bis an den Rand des Grunewalds geführt werden solle, für deren Betriebseröffnung je nach der Entwicklung der Ansiedelung ein weiterer Zeitraum von längstens 10 Jahren festgesetzt wurde.

Es dürfte hier am Platze sein, der Verdienste des Direktors der Deutschen Bank, Kommerzienrat Steinthal, zu gedenken, der in jahrelangen Be-

mühungen die umfangreichen Terrainerwerbungen zustande gebracht und die beteiligten Grundbesitzer mit der Hochbahngesellschaft zu einheitlichem Zusammengehen bestimmt hat. Es sei auch der Tätigkeit seines Mitarbeiters bei diesen Bestrebungen, des Regierungs- und Baurats Riese gedacht, ferner des Regierungsrats Kemmann und des Baurats Bandekow, welche durch ihre Studien der Deutschen Bank die Anregung zu dem Terrainunternehmen in Verbindung mit der Bahnausführung gaben, endlich der Vorschläge des Regierungsbaumeisters Hercher, der in seinen Veröffentlichungen auf eine im Zug der Bismarckstraße nach Westend durchzuführende Straßenverbindung hingewiesen hat.

Nachdem die oben bezeichneten Verträge geschlossen und die landespolizeiliche Genehmigung der Entwürfe für die Westendbahn erfolgt war, wurde ihre Ausführung durch die Hochbahngesellschaft an die mit ihr verbündete Aktiengesellschaft Siemens & Halske übertragen, die ihrerseits die Herstellung des eigentlichen Tunnelkörpers durch die Gesellschaft für den Bau von Untergrundbahnen bewirken ließ.

Über die baulichen Verhältnisse der Bahn ist Folgendes zu berichten: Der Abzweigungsbahnhof der neuen Westendbahn in der Bismarckstraße, der in seinen Größenverhältnissen und seiner reichen Gliederung in *Abb. 23* veranschaulicht ist, wurde viergleisig angelegt. Die beiden äußeren Gleise sind die der Westendbahn, die beiden inneren die Stammgleise. Letztere sind nach dem Wilhelmplatz über das nördliche Westendgleis hinweg abgelenkt, so dass sie von diesem unterfahren werden. Die beiden Bahnsteige sind durch in die Rasenstreifen der Bismarckstraße eingesetzte Oberlichter mit einfallendem Tageslicht beleuchtet.

In der Gabelung zwischen den beiden Westendgleisen sind Räume für die Unterbringung einer elektrischen Unterstation geschaffen, welche die Westendlinie und die anstoßenden Teile der Hauptlinie mit Strom versorgt. Vom Hauptkraftwerk hierher geleiteter Drehstrom von 10 000 Volt wird in der Unterstation in Gleichstrom von 750 Volt umgewandelt. Eine zur Ergänzung aufgestellte Akkumulatorenbatterie hat den Zweck, Belastungsschwankungen in den Streckenleitungen auszugleichen;

Abb. 28. Herstellung der Sohle und der Wände des Tunnels.

Abb. 29. Eingangsportale Kaiserdamm und Reichskanzlerplatz.

Abb. 30. Pfahlgündung im Lietzengraben.

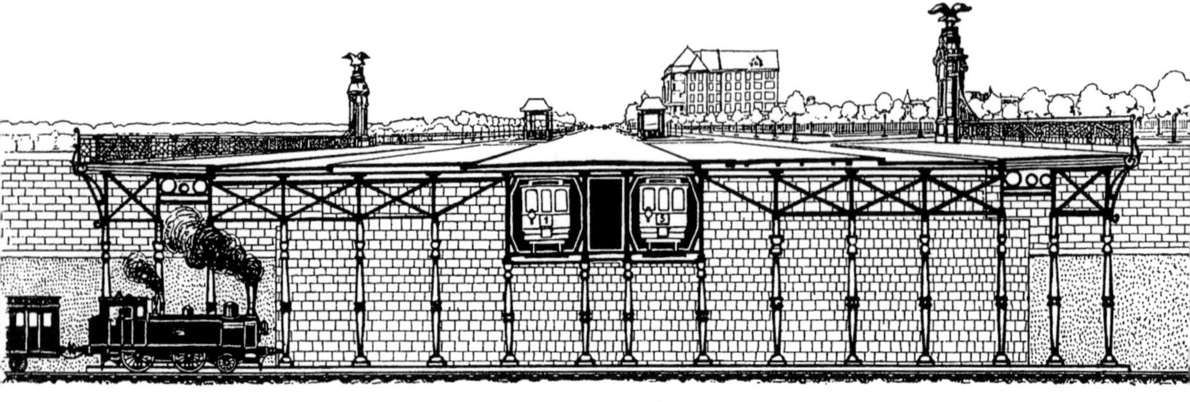

auch kann sie, wenn nötig, die Bahn eine volle Stunde mit eigenem Strom versorgen.

Von dem Gemeinschaftsbahnhof ab folgt der Westendstrang der Untergrundbahn dem Zug der Bismarckstraße bis zum Sophie-Charlotte-Platz, wo eine den Namen des Platzes tragende Haltestelle angelegt ist. Unmittelbar dahinter tritt die Bahn in den Kaiserdamm ein und überschreitet den Lietzengraben, einen alten Spreearm, dessen Erweiterung, der Lietzensee, mit seiner Umgebung in den letzten Jahren zu einem besonders reizvollen Land-

Abb. 32. Aufstellung der Träger für die Tunnelröhre unter der Kaiserdamm-Brücke.

schaftsbild umgestaltet worden ist. Die Ringbahn wird mittels einer unter der Straßenbrücke durchgeführten eisernen Galerie gekreuzt, welche in die Haltestelle Kaiserdamm einmündet.

Von hier aus setzt die Bahn ihren Weg nach Westend zu fort und erreicht über das ansteigende westender Vorgelände mit einer Steigung von 1:50 den Reichskanzlerplatz, den neu geschaffenen, die Umgebung weit beherrschenden Mittelpunkt von Groß-Westend, wo sich gleichzeitig der Scheitelpunkt der Bahn befindet. Der hier angelegte Bahnhof ist entsprechend seiner größeren Bedeutung durch einen reicheren Portalaufbau und durch dekorative Betonung der Eintrittshallen ausgezeichnet, die mit einer Auskleidung farbiger Terrakotten aus den Königlichen Majolika-Werkstätten Cadinen *(siehe Abb. 36)* geschmückt sind. In dieser Station findet der Bahnverkehr seinen vorläufigen Abschluss.

Die Weiterführung der Linie durch die Reichsstraße ist bereits begonnen. Am Saum des Grunewalds erhält sie einen weiteren Bahnhof und erreicht nach Unterfahrung der Spandauer Vorortbahn ihren Endpunkt am Fuß der in der Herstellung begriffenen Rennbahn Grunewald.

Abb. 33. Herrichten der Fahrbahn der Kaiserdamm-Brücke.

Abb. 34. Einblick in das Innere der Tunnelröhre unter der Kaiserdamm-Brücke.

Abb. 35. Das Stadion in der Rennbahn Grunewald. ↓

Abb. 36. Vorhalle des Bahnhof Reichskanlerplatz.

Auf *Abb. 24 – 28* ist die übliche Bauweise des Tunnelkörpers im Bild gezeigt. Nach Aushub der Erdmassen werden Sohle und Wände des Tunnels in Beton ausgeführt, die, so weit der Bahnkörper im Grundwasser liegt, Einlagen aus wasserdichten Pappschichten erhalten. Die Decke wird gebildet durch eine fortlaufende Reihe von Betongewölben zwischen eisernen Trägern, die in der Mitte auf Unterzügen ruhen, welche ihrerseits durch Säulenreihen gestützt werden. Zur Erleichterung der Bauausführung hat beigetragen, dass die Herstellung der Bahnstrecken im Zusammenhang mit dem Bau der Heerstraße erfolgen konnte.

Die *Abb, 30 – 34* zeigen einige Sonderausführungen. Die Überschreitung des Lietzengrabens verursachte insofern Schwierigkeiten, als der Tunnel auf einem stellenweise tief in den Untergrund hinabreichenden Pfahlrost gelagert werden musste. Die zur Aufnahme der Bahn unterhalb der Kaiserdammbrücke bestimmte Galerie musste mit besonderen Hilfsmitteln aufgestellt und in die Richtlinie der Bahn eingepasst werden. Die Brücke stellt insofern einen bemerkenswerten Verkehrspunkt dar, als unter ihrer Fahrbahn die Züge der Unter-

Abb. 37. Eingangshallen des Bahnhof Reichskanlerplatz.

grundbahn über den Dampfzügen der Ringbahn daherrollen *(Abb. 31)*.

Wie die Heerstraße die Leitlinie für die Untergrundbahn darstellt und ihr im Straßenkörper das Bett darbietet, so wird sie offensichtlich auch die Trägerin sein für die zukünftige Entwicklung des großen Gebietes zwischen Charlottenburg und der Havel. Schon heute ist die verbreiterte Bismarckstraße mit einer Reihe stattlicher Häuser besetzt und auch am Kaiserdamm wachsen bereits die ersten Neubauten empor, bevor noch diese Straße und die Bahnanlage zur abgeschlossenen Vollendung gediehen sind. Mit Sicherheit ist zu erwarten, dass die Bautätigkeit nach der Eröffnung der Bahn einen kräftigen Impuls erhalten und frischen Verkehr für die Bahn schaffen wird. Aber auch weiter hinaus zeigen sich im Gefolge der Heerstraße die Vorboten neuer Entwicklung. Schon ist eine große Rennbahn in der Entstehung begriffen, die zu einem Mittelpunkt aller Arten sportlicher Veranstaltungen ausgestaltet und mit der die ausgedehnte Anlage eines Stadions nach den Plänen von Otto March in Verbindung gebracht werden soll. Ein Gesamtbild der Anlage bietet die *Abb. 35*. Jenseits von Neu-Westend ist nach der Havel zu einer neuen Villenkolonie an beiden Seiten der Heerstraße geplant. Auch sie stützt sich auf eine neue Bahnverbindung, die der Eisenbahnfiskus in das Grunewaldgebiet hinausführen wird, mit Bahnhöfen an der Heerstraße und an der Rennbahn.

So wird in der nächsten Umgebung Berlins wohl zum ersten Mal in voller Klarheit und in großzügiger Weise der fruchtbare Besiedelungsgedanke Verwirklichung finden, dass eine mächtige Straßenanlage in ein weites Landgebiet vorgeschickt wird, um im Zusammenwirken mit Schnellverkehrsmitteln, die ihrem Zug folgen, der hinausdrängenden hauptstädtischen Bevölkerung neue Wohn- und Erholungsstätten zu eröffnen.

Möge die neue Untergrundbahn, welche jetzt dem Verkehr übergeben wird, sich als ein wirksames Glied diesem großen Besiedlungsplan einfügen. ❏

Gustav Kemmann

Die Südwestschnellbahnen

ZEITUNG DES VEREINS DEUTSCHER EISENBAHN-VERWALTUNGEN • 10.2.1909

Die Groß-Berliner Schnellbahn-frage ist in der letzten Zeit ein erfreuliches Stück weiter gekommen. Die Stadtgemeinden Schöneberg und Wilmersdorf haben sich entschlossen, Schnellbahnverbindungen mit dem Inneren der Hauptstadt herzustellen. Der Gedanke der schnellbahnmäßigen Erschließung der südwestlichen Vororte reicht etwa ein Jahrzehnt zurück. Man glaubte damals, das Privatkapital für derartige Aufschließungsbahnen interessieren zu können, indessen lieferte die gewünschte genaue Durchrechnung der Pläne das im Grunde selbstverständliche Ergebnis, dass derartige Bahnen durchaus unrentabel sind. Aber es ist begreiflich, wenn die Baulust einerseits, das Interesse an der Aufschließung größerer Ländereien anderseits die einmal zur Anregung gekommene Angelegenheit nicht ruhen ließen. Es ist anderseits daran zu erinnern, welche unsäglichen Mühen es gekostet hat, den an der Westend-Erweiterung der Hoch- und Untergrundbahn (Bismarckstraße – Reichskanzlerplatz – Platz F) beteiligten Kreisen die Überzeugung zu verschaffen, dass es nach Millionen zählender Zuschüsse bedürfe, um eine derartige, selbst nur wenige Kilometer Ausdehnung umfassende Aufschließungsbahn ins Leben zu rufen. Das wirtschaftliche Ergebnis dieser nun seit fast einem Jahr im Betrieb befindlichen subventionierten Bahnstrecke hat den nüchternen Vorausberechnungen in allen Teilen Recht gegeben. Aber auch die Legende von der Rentabilität städtischer Schnellbahnen überhaupt hat seitdem einen weiteren Stoß erlitten, wenngleich es immer noch nicht an Propheten fehlt, die in diesen so überaus kostspieligen Verkehrsmitteln auch bei höchsten kilometrischen Anlagekosten noch Goldgruben zu sehen wünschen. Die weitaus übertriebenen Anschauungen über die Verkehrseinnahme der Schnellbahnen, die starke Überschätzung ihres Kapitalbedarfs und der Betriebsaufwendungen, beginnen nach den allerorts gemachten Erfahrungen doch im Allgemeinen der notwendigen ruhigeren Betrachtung Platz zu machen.

Da infolgedessen die Privatwirtschaft, insbesondere bezüglich der äußeren Linien, kein großes Feld der Betätigung mehr findet, hat die Kommunalpolitik in der Schnellbahnfrage einzusetzen begonnen, indem sie die Unternehmungen wirtschaftlich unterstützt oder ihren Bau selbst durchführt, ein Vorgehen, das innerhalb des Rahmens, in dem die Gemeinden sich stark genug fühlen, die nach Millionen und Abermillionen zählenden Lasten zu übernehmen, nur begrüßt werden kann. Das Zustandekommen der Bahnen wird in besonderem Maße erleichtert, wo sich die Besitzer umfassender Gelände, die schnellbahnmäßig erschlossen werden können, am Zustandekommen der Schnellbahnen beteiligen, wie dies auch bei der Erweiterung der Untergrundbahn nach Neu-Westend geschehen ist. Dadurch, dass in solchen Fällen die Zuschüsse auf die einzelnen Parzellen nach dem Maß der ihnen zugewendeten Verkehrsvorteile verteilt werden, wie dies in Neu-Westend geschehen ist, kann das Zustandekommen der Aufschließungsbahnen außerordentlich gefördert werden.

Auf diese Art der Zuschussleistung konnte auch in den Gemeinden Schöneberg und Wilmersdorf in umfassender Weise hingearbeitet werden, wo einer erheblichen Zahl von Grundstücksgesellschaften die Vorteile einer Schnellbahnverbindung mit dem Inneren Berlins gewährt werden konnten. Der größte dieser Beteiligten ist die in Aufteilung befindliche königliche Domäne Dahlem, für deren Entwicklung das Vorhandensein einer Schnellbahn geradezu Lebensbedingung ist.

Diese Verhältnisse erklären es, dass die für den Bau in Aussicht genommenen südwestlichen Schnellbahnen, die Schöneberger wie die Wilmersdorfer, die letztere mit anschließender Verlängerung in das Dahlemer Gebiet (Abb. 39), nicht in erster Linie die Erschließung bereits bewohnter Gelände in Aussicht nehmen, sondern nach außen hin auf weite Strecken durch Gebiete geführt sind, die noch der Bebauung harren. Sobald jedoch feststand, dass der Bau der Bahnen gesichert ist, ist diese Tatsache bereits durch Kurssteigerungen der Grundstückswerte quittiert worden.

Aus der Tagespresse ist bekannt, dass die Gemeinde Schöneberg stets beabsichtigt hat, ihre Bahn, die über den Nollendorfplatz zur Behrenstraße geführt werden soll, aus Gemeindemitteln herzustellen. Wird diese Linie in ihrer ganzen Anlage selbstständig sein, so wird doch am Nollendorfplatz ein starkes Überströmen von Fahrgästen zur Hochbahn stattfinden, die ja den wichtigsten Verkehrskanälen Berlins zusteu-

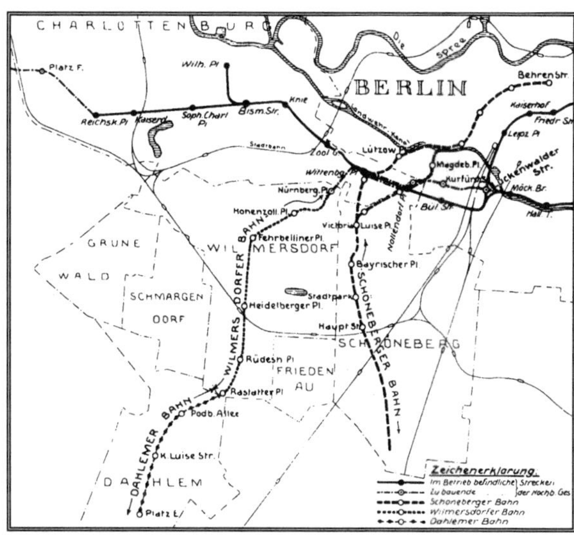

Abb. 39. Schöneberger und Wilmersdorfer Schnellbahnen.

ert und den Schönebergern vor allem das Gebiet der Leipziger Straße mit ihren innenstädtischen Verkehrsanschlüssen eröffnet. Die Wilmersdorfer Bahn mit der Dahlemer Verlängerung wird dagegen körperlich mit der bestehenden Hoch- und Untergrundbahn völlig verschmolzen. Die auf Wilmersdorfer und Dahlemer Gebiet zu bauenden Strecken werden zwar ebenfalls auf Kosten der Gemeinde Wilmersdorf und des Fiskus ausgeführt, doch hat die Hochbahngesellschaft übernommen, den Betrieb der ganzen Seitenlinie im einheitlichen Zusammenhang mit den Linien der Hochbahn selbst durchzuführen. Zu diesem Zwecke wird die Wilmersdorfer Bahn in durchlaufende Verbindung gebracht mit der Entlastungslinie, welche die Hochbahngesellschaft auf der verkehrsreichsten Strecke ihres Netzes, zwischen dem Nollendorfplatz und dem Gleisdreieck, bauen wird, wo die Verkehre vom Westen nach der inneren Stadt und nach den östlichen Stadtteilen in ihrer vollen Stärke auf ein und dasselbe Gleispaar

angewiesen sind. Die Entlastungslinie
wird in westlicher Richtung bis zum
Wittenbergplatz und hier abbiegend bis
zum Nürnberger Platz geleitet, wo sie in
die Wilmersdorfer Bahn übergeht. Mit
der Ausführung dieser Verstärkungslinie ist die Auflösung des Gleisdreiecks
verbunden. Diese Anlage, auf die in letzter Zeit der Finger des Schicksals in so
erschütternder Weise hingewiesen hat,
eine Anlage, deren Lob Jahre hindurch
verkündet wurde, obwohl sie durch
Einführung sogenannter ›gleisfreier

rechts und links begleiten, und mit ihr
am Wittenbergplatz zusammentreffen,
wo ein Gemeinschaftsbahnhof für die
vom Zoologischen Garten und von Wilmersdorf kommenden Strecken angelegt wird *(Abb. 40)*.

Die Station erhält zwei ›Richtungs-
bahnsteige‹, d. h. die Fahrgäste finden
auf dem Südbahnsteig nur Züge zur
Stadt und auf dem Nordbahnsteig nur
Züge, welche nach Charlottenburg oder
Wilmersdorf zu fahren. Zwischen den
Gleisen gleicher Fahrtrichtung werden
Weichenverbin-
dungen herge-
stellt, damit die
vom Westen he-
reinfahrenden
Züge sowohl
nach der War-
schauer Brücke
als auch nach
der inneren Stadt
und die vom Os-
ten einfahren-
den Züge sowohl
nach Charlot-
tenburg als auch
nach Wilmers-

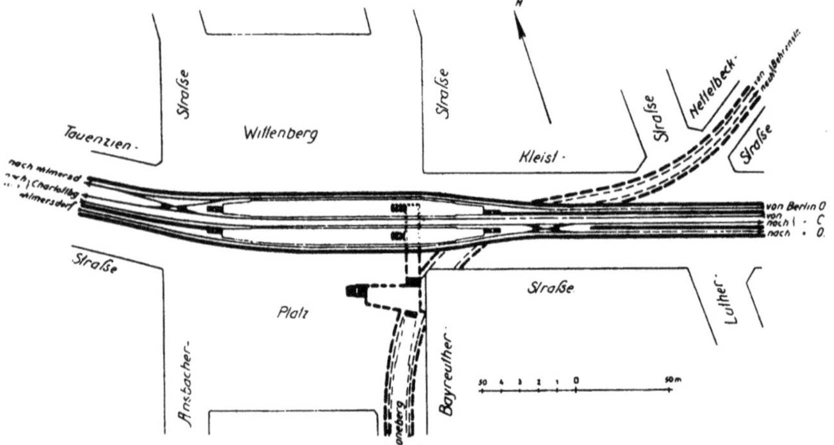

Abb. 40. Gemeinschaftsbahnhof Wittenbergplatz.

Überschneidungen‹ überhaupt erst für
einen dreiseitigen lebhaften Zugumlauf
eingerichtet worden ist, wird in abseh-
barer Zeit zu bestehen aufgehört haben;
umfassende Vorbereitungen sind hierfür schon jetzt getroffen. Dann wird die
West-Ostlinie der Hochbahn, welche
von der Warschauer Brücke kommt,
über die West-Innenstadtlinie selbstständig hinweggeführt und in Gestalt
der neuen Verstärkungslinie nach Westen weiter gehen, am Nollendorfplatz
bereits im Tunnel liegen, dann die bestehende Bahn mit ihren beiden Gleisen

dorf weiter befördert werden können.
Im Interesse der Betriebssicherheit sind
die Weichen so angelegt, dass nur aus-
fahrende Züge Abzweigungen befahren
können. Während sonst Weichenver-
bindungen in Bahnhöfen elektrischer
Bahnen auch von einfahrenden Zügen
befahren werden, ist das am Bahnhof
Wittenbergplatz vermieden, eine be-
deutsame Verbesserung, die wohl bald
auch weitere Nachahmung finden dürfte. So hat man auch bei den im Bau befindlichen Hamburger Vorortbahnen
die Frage der Bahnhofsweichen aus Anlass der Berliner Verhältnisse kürzlich
nochmals nachgeprüft. Die Entwürfe

der drei Abzweigstationen, welche in Hamburg ausgeführt werden, dürften wohl so geändert werden, dass die Bahnhofsweichen, welche bisher teilweise vor der Einfahrt liegen sollten, nachträglich hinter die Einfahrt gelegt werden, wie am Wittenbergplatz.

Erhalten also die Schöneberger nur eine mittelbare Verbindung mit der Hochbahn, insoweit sie durch den Umsteigeverkehr am Nollendorfplatz gewährt wird, so ist den Wilmersdorfern, die ebenso wie die Dahlemer die Bedeutung des ununterbrochenen Zugdurchgangs von Anfang an in besonderem Maße betont, ja überhaupt zur Grundbedingung für die Linienführung gemacht haben, ein unmittelbarer Übergang gewährleistet. Dieser wesentliche Vorteil ist für Wilmersdorf ausschlaggebend dafür gewesen, einer an sie ergangenen Anregung, die dahin ging, ihre Linie am Viktoria-Luise-Platz in die Schöneberger Bahn einzuführen und mit dieser gemeinsam zur Behrenstraße zu leiten, keine Folge zu geben. Im Grundplan des Stadtbildes ist einer solchen Zusammenfassung beider Linien eine ästhetische Wirkung nicht abzusprechen, und dies dürfte die Veranlassung gewesen sein, dass soeben die Stadtgemeinde Schöneberg einen erneuten Versuch gemacht hat, Wilmersdorf zu einer derartigen nachträglichen Linienänderung zu bewegen und auch den Behörden einen entsprechenden Vorschlag unterbreitete. Der neue Vorschlag unterscheidet sich von dem früheren dadurch, dass die bei Auflösung des Gleisdreiecks frei werdende Ostwestlinie der Hochbahn in die Schöneberger und Wilmersdorfer Gemeinschaftslinie einmünden, letztere aber später so aufgelöst werden soll, dass die Schöneberger Bahn selbstständig zur Behrenstraße vorgestoßen würde. Die Gleisdreieckstation würde nach diesem Plan zu einer Massenumsteigestation, und zwar an einer Stelle, wo der Verkehr am dichtesten ist. Dieser Übelstand ist es aber, der von den anderen Beteiligten allein schon für so erheblich erachtet worden ist, dass sie auch den neuen Vorschlag ablehnten und nach wie vor an der Einmündung am Wittenbergplatz, wo sich ihre Fahrgäste gleich schon die richtige Linie bzw. den richtigen Zug wählen können, festzuhalten wünschen. Dieser Meinungsaustausch berührt natürlich auch die darin einbezogene Hochbahngesellschaft, die den Anlass benutzte, um, so weit ihre eigenen Interessen durch das Schöneberger Bahnprojekt überhaupt berührt werden, noch auf einen anderen Mangel aufmerksam zu machen, der der Führung der Schöneberger Bahn anhaftet. Dieser betrifft die Bahnhofsanlage am Nollendorfplatz.

Es ist schon erwähnt, dass sich an der Hochbahnstation Nollendorfplatz ein starker Übergangsverkehr von der Schöneberger Bahn zur Hochbahn entwickeln wird. Die zum Umsteigen nach der inneren Stadt – der Hauptverkehrsrichtung – genötigten Fahrgäste, deren Zahl die nach den östlichen Stadtteilen fahrenden weitaus übertrifft, müssen hier eine Treppenanlage von rund 10 m Höhe ersteigen. Von den Annehmlichkeiten eines solchen Überganges können sich diejenigen einen Begriff machen, welche häufiger Gelegenheit haben, die oberen Säle des Berliner Architektenhauses aufzusuchen, zu denen eine nicht wesentlich höhere Treppenanlage, die etwa der halben Höhe eines Berliner Mietshauses entspricht, hinauffuhrt. Auch die Treppenanlagen und die 3,6 m messende Bahnsteigbreite des Hochbahnhofs am Nollendorfplatz reichen für den sich in den Zeiten des starken Zudranges einstellenden starken Umsteigeverkehr nicht aus, auch wenn diese Bahnsteigbreite voll zur Verfügung gestellt wird, in die Einbauten, wie Windschirme, Blockapparate usw. von der Fensterseite aus eindringen. Eine Verbreitung der Treppenanlage aber würde die Niederlegung der Bahnhofskuppel bedingen. Weiterhin liegt der Anschlusspunkt für die Hochbahn auch insofern ungünstig, als der Zustrom des Schöneberger Verkehrs die Hochbahn an einem Punkt trifft, der zu einer starken Vermehrung wagenkilometrischer Leistungen führt, denen nur eine mangelhafte Platzausnutzung gegenübersteht. Die hierüber angestellten eingehenden Rechnungen haben ergeben, dass das, was sonst eine Wohltat ist, hier zur Plage wird. In diesem Umstand liegt es auch wesentlich begründet, dass frühere Verhandlungen zwischen der Stadtgemeinde Schöneberg und der Hochbahngesellschaft wegen Übernahme der Betriebsführung auf der Schöneberger Bahn nicht zu einer Einigung führten, weil die Hochbahngesellschaft sich in Anbetracht der bezeichneten Schwierigkeit nicht in der Lage sah, den Tarif der Hochbahn, wie seitens der Gemeinde gewünscht, auf deren Bahn zu übertragen, vielmehr im Übergangsverkehr zur Erhebung eines Tarifzuschlags genötigt war. Schon bei diesen Verhandlungen wurde seitens der Hochbahngesellschaft geltend gemacht, dass sich die Verhältnisse in durchgreifenderer Weise bessern ließen, wenn die Gemeinde Schöneberg die Behrenstraßen-Linie über den Wittenbergplatz statt den Nollendorfplatz lenkte. Die Gesellschaft hat anlässlich der ihr obliegenden Äußerung zu der jetzigen Schöneberger Eingabe auf diesen Punkt wiederum nachdrücklich aufmerksam

gemacht und auch die Möglichkeit einer verbesserten Linienführung in der bezeichneten Richtung nachgewiesen, und zwar in engster Anlehnung an die Ausführungen, welche das Ergebnis der ausgedehnten Erfahrungen sind, die man im Ausland, in Paris, London, New York im Bau von Untergrundbahnen gemacht hat, die aber in Berlin bisher merkwürdigerweise wenig Beachtung gefunden haben.

Die englische Königliche Kommission, welche vor wenigen Jahren ihre ausgedehnten Untersuchungen über den Londoner Verkehr abgeschlossen und deren Ergebnisse in einem umfassenden Werke niedergelegt hat, ebenso neuerdings das englische Handelsamt stellen fest, dass das Umsteigen von einer Schnellbahn zur anderen, selbst mit

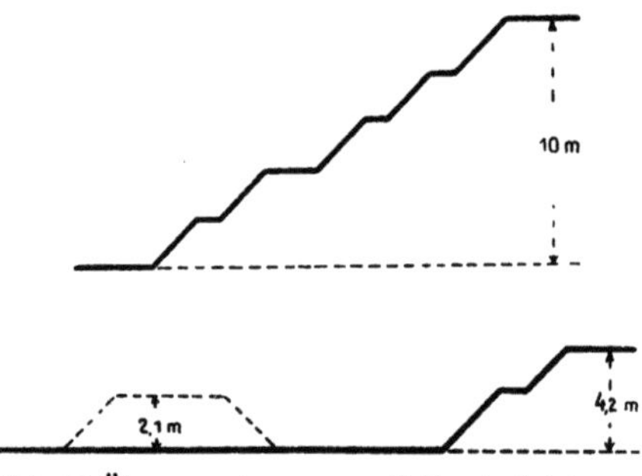

Abb. 41. Übergangstreppen am Nollendorfplatz und Wittenbergplatz.

Geldopfern, so bequem gemacht werden solle, wie es die Verhältnisse zulassen. Unabhängig von dieser Mahnung haben die Verwaltungen der Londoner Röhrenbahnen schon aus eigenem Antrieb diese Umsteigeerleichterungen überall, wo solche Bahnen aufeinandertreffen, selbst ausgebaut. In Paris ist, wie man weiß, bequeme Anlage und Ausbildung der Umsteigebahnhöfe erste Regel, deren Durchführung namentlich bei Tunnelbahnen leicht zu bewerkstelligen ist, da der Verkehr hier durch unterirdische Gänge geleitet wird. Auch in Berlin hätte sich schon eine Gelegenheit zur Anwendung dieser Regel ergeben, da sich der Schnittpunkt der städtischen Nord-Südlinie mit der seit kurzem in Betrieb befindlichen Spittelmarkt-Linie, wie vom Unterzeichneten darüber angestellte Studien ergeben haben, zu einer Umsteigestation hätte ausbilden lassen. Wie die Sache jetzt und für immer liegt, müssen die Fahrgäste der Spittelmarkt-Linie, die später mit der städtischen Linie weiterfahren wollen und umgekehrt, zur Straße hinaufsteigen und auf dieser den Weg bis zu der verhältnismäßig weit abliegenden Station der Nachbarbahn zu Fuß zurücklegen. Abgesehen von den Unbequemlichkeiten des Umsteigens selbst, belasten diese Fahrgäste unnötig die städtischen Straßen, über deren Überlastung, ja ohnehin in neuester Zeit so viel geklagt wird.

Bezüglich des Anschlusses der Schöneberger Bahn liegen jetzt Verhältnisse vor, die zu ähnlich laufenden Betrachtungen führen. Der Hinweis der Hochbahngesellschaft, dass man am Nollendorfplatz für alle Zeiten einen mangelhaften Zustand schaffen würde, der am Wittenbergplatz so wesentlich günstiger gestaltet werden könnte, ist wohl zu verstehen. Der Bahnhof Wittenbergplatz kann in der auf alle Fälle durchzuführenden völligen Umgestaltung den Bedürfnissen des Verkehrs in zweckmäßigster Weise angepasst werden. Sind die Bahnsteige der Spittelmarkt-Linie ein deutlicher Protest gegen die Anwendung geringer Bahnsteigbreiten, so kann am Wittenbergplatz dem neuen Vorbild gefolgt werden. Wird am Nollendorfplatz eine Verschachtelung von Bahnhöfen entstehen, die alles andere als übersichtlich genannt werden

muss, so lässt sich am Wittenbergplatz eine Gemeinschaftsanlage von großer Übersichtlichkeit herstellen.

Die Linienführung der Schöneberger Bahn über den Wittenbergplatz gibt, was schlanke Gestaltung betrifft, der über den Nollendorfplatz nichts nach; die Linie wird allerdings um ein Geringes länger, berührt dabei aber den verkehrsreichen Lützowplatz, während die Schöneberger Bahn nach der heute beabsichtigten Trasse über den Magdeburger Platz gehen würde. Was aber den Fahrgast besonders interessiert, ist der Umstand, dass ihm das Umsteigen auf dem Wittenbergplatz durch die unterirdischen Treppenverbindungen und einem nur kurzen Verbindungsgang in hohem Maße bequem gemacht wird. Die Höhe der Verbindungstreppen wird nur 4,2 m betragen, wozu bei der Weiterführung zur Behrenstraße noch eine Gleisüberbrückung von 2,2 m Höhe mit sehr flach auslaufenden Anrampungen tritt, wobei zu berücksichtigen ist, dass nur der Aufstieg zu dieser Brücke für die Bemessung der Umsteigebequemlichkeit in Betracht kommt *(Abb. 41)*. Auch die Zugdispositionen werden für die Hochbahn um so vieles besser, dass die Frage des Übergangstarifs wesentlich günstiger liegt. Auch die lokale Verkehrsbedeutung des Wittenbergplatz wird der des Nollendorfplatz zum mindesten gleichzustellen sein. Dass die Summe der Vorteile, die durch eine nach dem hochbahnseitigen Hinweis geänderte Linienführung geboten werden, selbst im Falle von Mehraufwendungen weitaus überwiegend sind, bedarf dem Fachmann gegenüber keiner besonderen Darlegungen. Welche Linienführung jedoch schließlich zur Ausführung kommen wird, ist allerdings heute schwer vorauszusagen. ❏

Die Untergrundbahnen der Berliner westlichen Vororte

ELEKTROTECHNISCHE ZEITSCHRIFT • 8.4.1909

Am 3. April 1909 fand eine Beratung über die von den Gemeinden Schöneberg, Wilmersdorf und Charlottenburg geplanten Untergrundbahnen im Eisenbahnministerium unter Vorsitz des Ministers v. Breitenbach statt.

Wie der VOSSISCHEN ZEITUNG berichtet wird, nahmen neben Vertretern des Ministeriums und der Aufsichtsbehörden, für die der Polizeipräsident v. Stu-

Charlottenburger Untergrundbahn

ELEKTROTECHNISCHE ZEITSCHRIFT   *1.4.1909*

Die Stadtverordneten Charlottenburgs haben dieser Tage ein vom Magistrat ausgearbeitetes Projekt für eine elektrische Untergrundbahn ohne Debatte und einstimmig angenommen. Die Bahn soll von dem mit der Stadt Schöneberg gemeinsam zu erbauenden Bahnhof am Nollendorfplatz im Zuge der Tauentzienstraße, des Kurfürstendamms und der Kantstraße nach dem Ringbahnhof Witzleben führen. Über die Baukosten und die Rentabilität des Unternehmens liegen zuverlässige Angaben noch nicht vor. Auch das Verhältnis zu den Bahnplänen von Schöneberg und Wilmersdorf bedarf noch der Klärung, die man indessen wohl von der demnächst im Eisenbahnministerium zusammentretenden Verkehrskonferenz erwarten darf. ❐

benrauch und der Eisenbahndirektionspräsident Behrendt erschienen waren, die Oberbürgermeister und Stadtbauräte der genannten drei Städte teil. Für die Hoch- und Untergrundbahngesellschaft waren Baurat Wittig und Direktor Pavel erschienen. Das Landwirtschaftsministerium, das wegen des Dahlemer Geländes an der Wilmersdorfer Bahn interessiert ist, hatte den Geheimen Oberregierungsrat Hamm entsandt.

Der Darlegung der Charlottenburger Vertreter, dass das von Charlottenburg geplante Unternehmen den Interessen aller Beteiligten gerecht werde, trat Bürgermeister Peters, Wilmersdorf, unter Zustimmung des Vertreters der landwirtschaftlichen Verwaltung entgegen. Für Wilmersdorf habe der vorgeschlagene Anschluss seiner Bahn an die Charlottenburger Linie auf dem Kurfürstendamm die erheblichsten Nachteile gegenüber der mit der Hoch- und Untergrundbahngesellschaft und der Dahlem-Kommission vereinbarten Einführung der Wilmersdorfer Bahn in den Untergrundbannhof Wittenbergplatz. Schöneberg fand dagegen seine Interessen durchaus gewahrt und sogar gefördert durch die von Charlottenburg vorgeschlagene Zusammenführung der Charlottenburger und Schöneberger Linie auf dem Nollendorfplatz. Die Hoch- und Untergrundbahn glaubte nach wie vor an ihrem Plan festhalten zu müssen, der in Übereinstimmung mit Wilmersdorf dahin gehe, bei Auflösung des Gleisdreiecks die von dort aus nach dem Wittenbergplatz zu führenden besonderen Gleise auf kürzestem Wege nach Wilmersdorf und nach dem Dahlemer Gelände zu leiten, denn nur auf diese Weise, nicht aber bei dem Charlottenburger Plan, werde ein hinreichend großes, zum erheblichen Teile schon dicht besetztes Verkehrsgebiet in zweckmäßiger Weise auf- und angeschlossen.

Der Minister führte aus, dass er seine Förderung nur solchen Unternehmungen zuteilwerden lassen könne, die sich in ein den Verkehrsbedürfnissen Groß-Berlins Rechnung tragendes Schnellbahnnetz zweckentsprechend einfügten und die ferner nicht andere Linien durch Wettbewerb in ihren wirtschaftlichen und finanziellen Unterlagen gefährdeten. Dies gelte insbesondere auch von dem Einflüsse neu entstehender Bahnen auf das vorhandene und in erwünschter Ausdehnung begriffene Unternehmen der Hoch-und Untergrundbahn. Die finanziellen Grundlagen sowohl dieses als auch etwaiger anderer Schnellbahnunternehmen vor Erschütterung durch einen Wettbewerb zu schützen, der durch Förderung des Verkehrs nicht hinreichend begründet sei, geböte weniger die Rücksichtnahme auf das Privatkapital, als das öffentliche Interesse, das erfordere, dass auch die mit Privatkapital gegründeten Schnellbahnunternehmungen lebens- und erweiterungsfähig blieben.

Für seine, des Ministers, Beurteilung des Charlottenburger Plans komme zunächst in Betracht, dass die Stammstrecke der Hoch- und Untergrundbahn dadurch drei Abzweigungen erhalten würde. Erstrebenswert sei an sich, dass jede Schnellbahn für sich betrieben werde. Wäre dies nicht zu erreichen, so sei wenigstens eine Steigerung der abzweigenden Linien über zwei hinaus zu vermeiden, da sonst die Außenstrecken nicht hinreichend bedient werden könnten. Ferner aber habe er den Eindruck, dass die von Charlottenburg geplante Bahn in das Verkehrsgebiet der bestehenden Untergrundbahn in nicht gerechtfertigter Weise eindringe. Dazu komme, dass die auf dem Nollendorf-platz geplanten Bahnhofsanlagen in die Baupläne der Hoch- und Untergrundbahngesellschaft, die mit der Auflösung des Gleisdreiecks zusammenhingen, störend eingreifen könnten, er aber allem auf das Bestimmteste entgegentreten müsse, was zu einer Hinauszögerung der aus Gründen der Betriebssicherheit von ihm verlangten Gleisdreiecksauflösung Anlass geben könnte. Der Minister stellte daher den Vertretern Charlottenburgs anheim, für ihre Bahn, wenn sie sie auch fernerhin für notwendig erachteten, eine anderweite Linienführung, zum mindesten in ihren beiden Endstücken, nördlich des Stadtbahnhofs Charlottenburg und östlich des Wittenbergplatzes, in Erwägung zu ziehen. Er wies darauf hin, dass vielleicht eine Bahn sich empfehle, die den Kurfürstendamm vom Bahnhof Halensee ab in seiner ganzen Länge durchfahre und dann entweder unter Benutzung der Kurfürstenstraße über den Lützowplatz den Anschluss an die Schöneberger Linie auf dem Magdeburger Platz gewinne, oder zuerst in den Bahnhof Wittenberg Platz selbstständig eingeführt werde und alsdann durch die Nettelbeckstraße den Lützowplatz und den Magdeburger Platz erreiche.

Oberbürgermeister Schustehrus erklärte die Bereitwilligkeit Charlottenburgs, in eine Prüfung dieser Anregungen einzutreten und mit den beteiligten Nachbargemeinden nach einer neuen, alle möglichst befriedigenden Lösung zu suchen. Der Minister ging auf diese von ihm höchst dankenswert bezeichnete Anregung ein und erklärte, zu den Verhandlungen, deren Leitung Oberbürgermeister Schustehrus zu übernehmen bereit war, Ministerialkommissare entsenden zu wollen, ermächtigte auch die Aufsichtsbehörden, an diesen Erörterungen teilzunehmen. ❒

Gustav Kemmann

Zur Geschichte der Südwestschnellbahnen

Zeitung des Vereins Deutscher Eisenbahn-Verwaltungen • 6.10.1909

Seit Jahren bewegt sich in Berlin die Schnellbahnfrage um einen einzigen Teil des Großstadtgebiets, nämlich den Südwesten, das Gebiet zwischen der Potsdamer Bahn und der Stadtbahn, entsprechend etwa einem Kreisausschnitt, der einen Zentriwinkel von wenig mehr als 45° darstellt. Wie vordem von den Tunnelprojekten der Großen Berliner Straßenbahn, so wird heute die Tagespresse beherrscht von den Schnellbahnplänen der südwestlichen Gemeinden; von einem Schnellbahnbedürfnis in den sonstigen Groß-Berliner Gebieten ist weniger die Rede. Wenn alle für diese, allerdings wohlhabendste, Gegend Berlins geplanten Schnellbahnen zur Ausführung kämen, würde sie mit derartigen Bahnen geradezu übersät erscheinen; wie einstmals in London, gibt es auch hier kaum noch eine Richtung, die nicht auch durch irgendein Schnellbahnprojekt gedeckt würde.

Aber nicht allein die Fülle der Projekte, auch der dadurch hervorgerufene Streit aller gegen alle hat die weiteste Aufmerksamkeit, sogar des Auslandes, auf sich gezogen. An den Südwestprojekten sind hauptsächlich drei Gemeinden beteiligt. Man weiß, dass es schon einer Gemeinde schwerfällt, in Verkehrsdingen Fortschritte zu erzielen; sind an den Verkehrsangelegenheiten aber zwei, gar drei Gemeinden beteiligt, so wachsen die Schwierigkeiten ins Unendliche.

Als die Mitteilungen über die Südwestschnellbahnen[1] erschienen, handelte es sich um zwei Bahnen, die Schöneberger Bahn und die Erweiterungslinie der Hochbahn zum Nürnberger Platz, die den viergleisigen Ausbau der am stärksten belasteten Strecke des Liniennetzes der Hochbahngesellschaft zwischen dem Gleisdreieck und dem Wittenbergplatz bezweckt und mit der auch das seit jeher als unzweckmäßig erkannte Gleisdreieck beseitigt werden soll. An die Erweiterungs- oder Verstärkungslinie *(Abb. 42 – 44)* schließen sich am Nürnberger Platz die Wilmersdorfer und Dahlemer Bahnen, die der Hochbahngesellschaft in Betriebspacht gegeben werden, derart an, dass die Züge der Hochbahn auf diesen Fortsetzungen einfach weitergehen. Von dem Gedanken, eigene Züge einzurichten, haben die beiden Gemeinden vollständig abgesehen; es ist ein Betriebsverhältnis geschaffen, das der englischen ›Lease‹ gleichkommt.

Die Verhältnisse schienen vollständig geordnet und nur noch der Zustimmung Charlottenburgs zur Benutzung der auf ihrem Gemeindegebiet liegenden Straßenabschnitte sowie der behördlichen Genehmigung bedürftig, als plötzlich die Gemeinde Charlottenburg selbst ein Schnellbahnprojekt in die Verhandlungen warf, das geeignet gewesen wäre,

1) siehe Seite 32.

den hochbahnseitigen Plan der Verstärkungslinie in störendster Weise zu beeinflussen und damit auch die Wilmersdorfer Bahn zu vereiteln. Schon die Linienführung der Charlottenburger Bahn war nicht recht verständlich: sie sollte *(Abb. 42)* vom Gebiet der auf dem Subventionswege, mit teilweiser Unterstützung von Charlottenburg selbst, zustande gebrachten Westend-Untergrundbahn ausgehen, unter der Stadtbahn am Bahnhof Charlottenburg her zum Kurfürstendamm geführt werden, dann sich neben die bestehende Untergrundbahn in der Tauentzien- und Kleiststraße legen *(zu vgl. auch Abb. 44)*, indem sie die von den Behörden verlangte Auflösungslinie des Gleisdreiecks aus dieser Straße beiseiteschob; sodann sollte sie sich mit der Schöneberger Bahn vereinigen und gemeinsam mit dieser der inneren Stadt zusteuern. Auf diese Weise hätte sich die Charlottenburger Linie überall vom Verkehr bestehender Linien ernährt, ohne eine selbstständige verkehrswirtschaftliche Bedeutung zu erlangen. An der Stelle, wo sich die Charlottenburger mit der Schöneberger Bahn vereinigte, sollte nach Charlottenburger Ratschluss, ohne Rücksicht darauf, dass die Auflösung der durchaus unzweckmäßigen bestehenden Linienverkettung im Gleisdreieck durch behördliche Auflage erfolgen musste, eine andere große Linienverkettung neu geschaffen werden: Charlottenburger Züge sollten beliebig in die Hochbahnlinien hinein nach dem Zentrum Berlins und der Warschauer Brücke oder auf der Schöneberger Bahn ins Stadtinnere weiterfahren können. Ebenso sollten die Schöneberger Züge beliebig entweder in die Hochbahn oder ins Stadtinnere gelangen können: der Plan eines reinen Hin und Her von Zügen, dessen

Eigenart noch weiter dadurch erläutert wird, dass die Gemeinde Charlottenburg nicht etwa davon ausging, dass die Hochbahngesellschaft den Betrieb auf ihrer, der Charlottenburger Linie mit übernahm, ebenso wenig wie nach Lage der Verhandlungen auch auf der Schöneberger Bahn, sondern dass die fremden Züge, nämlich die der Charlottenburger wie der Schöneberger Bahn, in den Betrieb der Hochbahn hinein-

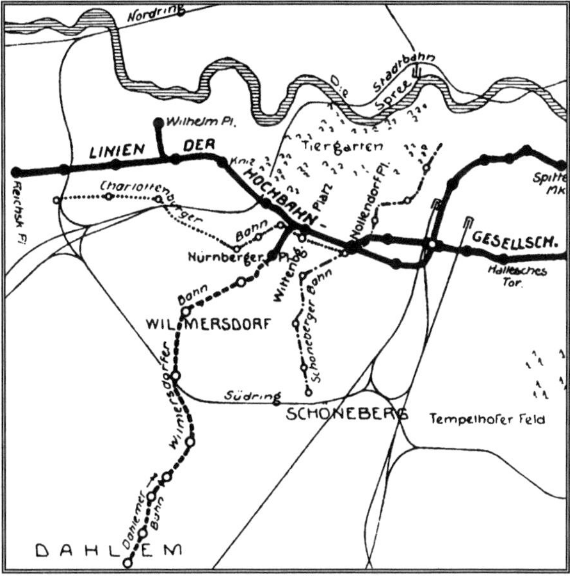

Abb. 42. Geplante Berliner Schnellbahnen.

geschickt werden sollten, mit anderen Worten: Charlottenburg beanspruchte auf der Hochbahn das Recht, sogenannte *›Running Powers‹* ausüben zu dürfen, während Wilmersdorf und Dahlem sich mit einer *›Lease‹* begnügt hatten. Dass der Frage des Tarifwesens, die sich jedem Eisenbahnfachmann hierbei ohne weiteres aufdrängen würde und die ja auf die Plangestaltung einen durchgreifenden Einfluss ausüben muss, erst recht keinerlei Beachtung zuteilwurde, kann nicht wundernehmen.

Die Forderung Charlottenburgs, seine eigenen Züge in den Hochbahnbetrieb hineinzuschicken, entspringt der Abneigung der Charlottenburger, in einem Schnellbahnhof umzusteigen. Das Umsteigen würde am Wittenbergplatz von einem Bahnsteig zum anderen genau in derselben Weise erfolgen, wie auf der Berliner Stadtbahn am Bahnhof Charlottenburg, am Schlesischen Bahnhof, ferner auf den Bahnhöfen Gesundbrunnen, Westend und vielen anderen, d.h. in der allgemein gebräuchlichen Weise mittels über- oder untergeführter Gänge, an welche die Bahnsteige mittels Treppen angeschlossen sind. Das Publikum hat sich an diese das ABC der Anschlussbahnhöfe bildende Art des Ein- und Umsteigens bekanntlich allenthalben allgemein gewöhnt, in Paris und London, wo das Umsteigen von einer Linie zur anderen neuerdings überhaupt die Regel bildet, sogar an viel unbequemere Arten. Hiermit vergleiche man nun die Schilderung der Charlottenburger Stadtverordnetenvorlage vom 15. September 1909, in der es wie folgt heißt:

»Das Projekt der Verstärkungslinie der Hochbahn vom Gleisdreieck über den Wittenbergplatz zum Nürnberger Platz nimmt der Gemeinde Charlottenburg die Möglichkeit des direkten Anschlusses (am Wittenbergplatz) und schließt einen Durchgangsverkehr für die vom Kurfürstendamm kommenden Züge nach Berlin-Zentrum (Spittelmarkt) und Ost (Warschauer Brücke) aus. Es müssen die Reisenden am Wittenbergplatz, wenn sie nach Zentrum und Ost fahren wollen, umsteigen, und zwar nicht etwa von demselben Bahnsteig, sondern von einem nur durch unterirdische oder oberirdische Treppenanlagen mit der vorhandenen Untergrundbahn zu verbindenden selbstständigen Bahnsteig. ... Durch diesen Umstand wird der Verkehrswert der Charlottenburger Bahn zugunsten des Projekts der Gesellschaft und Wilmersdorf-Dahlems derartig herabgesetzt, dass über das Charlottenburger Projekt das Urteil gesprochen ist. Das Projekt Charlottenburgs ist wirtschaftlich undurchführbar geworden. Die an sich bestehende Schwierigkeit, die ans der Konkurrenz der dicht nebeneinander laufenden, in ihren Verkehrsgebieten sich überschneidenden Projekte erwächst, lässt sich zugunsten der Verkehrsverbesserung am Kurfürstendamm nur so lange ertragen, als dem Charlottenburger Verkehr der unmittelbare Durchgang nach Berlin gesichert wird. Geschieht dies nicht, so ist es ausgeschlossen, für das völlig entwertete Charlottenburger Bahnprojekt Opfer zu bringen. Die Genehmigung der Bahn der Gesellschaft (d. i. der Verstärkungslinie im Zusammenhang mit den Wilmersdorfer und Dahlemer Strecken) stellt den Verlust der Charlottenburger Bahn dar.«

Im Sinne der vorstehenden unhaltbaren Darstellung glaubt nun Charlottenburg von der Hochbahn die Gewährung von ›Running Powers‹ mit Bezugnahme auf § 16 des mit der Hochbahn im Jahre 1896 geschlossenen Zustimmungsvertrages erzwingen zu können. Dass die Behörden bei der beanspruchten, nach den Verhältnissen begreiflicherweise ganz unsachgemäßen Betriebsweise mitzusprechen haben, wird dabei übersehen.

Der Ursprung des § 16, mit dem die Stadt das Verlangen eines gemischten Betriebs auf der Hochbahn begründet, auf der die eigenen Züge der Hochbahn und die fremden Züge der Stadtgemeinde durcheinanderfahren sollen, ist nur geschichtlich zu verstehen. Als die ersten Projekte der Hochbahn aufgestellt wurden, erhob die Kaiser Wilhelm-Gedächtniskirchen-Gemeinde gegen die Errichtung eines Viaduktes an der Kirche vorbei Einspruch. Infolgedessen wurde der Gedanke angeregt, von den Bahnaufsichtsbehörden aber sofort verworfen, die Hochbahnzüge zwischen Wittenbergplatz und Kirche auf einer Rampe in das Straßengelände hinabzuführen und auf dem Straßenboden nach Charlottenburg weiterlaufen zu lassen. Nach längeren Verhandlungen wurde bestimmt, dass die Hochbahn von der Kirche nach Norden zu um 70 m abgerückt und durch das Eckgrundstück geführt werden sollte, das jetzt mit dem sog. romanischen Café bebaut ist. Am Rande des Zoologischen Gartens sollte die Hochbahn bis vor die Stadtbahn weitergeführt werden und hier stumpf endigen.

Wegen der Weiterführung nach Charlottenburg sind in den Jahren 1895 und 1896 lange Verhandlungen gepflogen worden. Die Stadtgemeinde stellte damals das gleiche Verlangen, wie heute, dass von Charlottenburg aus fremde Verkehrsmittel in die Hochbahn hineingeschickt werden sollten. Doch waren es in dem damaligen Fall keine Schnellverkehrsmittel, sondern merkwürdigerweise Straßenbahnwagen, deren Weiterführung auf der Hochbahn verlangt war. Trotz andauernden Widerspruchs der Firma Siemens & Halske, die die Verhandlungen mit Charlottenburg führte, setzte die Stadtgemeinde mit dem Motive der stärkeren verhandelnden Partei die Einwilligung der Firma durch, am Endpunkte der Bahn neben dem Endbahnhof noch eine zweigleisige Abzwei-

grampe auf die Straße hinunter herzustellen, auf der die Straßenbahnwagen zur Hochbahn emporgeführt und in diese hinein zwischen deren Zügen weitergeführt werden sollten. Der Vorschlag der Firma Siemens & Halske, ihr, wenn auf dem Verlangen der Anschlussrampe unbedingt bestanden werde, selbst eine Gruppe von Straßenbahnen zu genehmigen, deren Wagen mittels der Rampe zur Endstation am Zoologischen Garten emporgeführt würden, so dass die Fahrgäste hier in die Hochbahnzüge umsteigen könnten, ähnlich, wie es in Brooklyn, Boston und anderwärts vielfach durchgeführt ist, fand keine Annahme. Ohne der Firma irgendwelches Recht in dieser Beziehung einzuräumen, bestand die Gemeinde selbst, trotz der Weigerung der Behörden, eine so unsachgemäße und gefährliche Art des Betriebes zuzulassen, wie es das Durcheinanderfahren von Straßenbahnwagen und von Schnellbahnzügen auf der Hochbahn darstellte, darauf, dass ein solches Zugeständnis in den Zustimmungsvertrag aufgenommen werde. In der Stadtverordnetenvorlage vom 30. April 1896 führte der Magistrat zur Begründung aus, dass *»seitens der Gemeindebehörden stets das größte Gewicht darauf gelegt worden ist, dass eine Überführung der Straßenbahnwagen auf die Hochbahn ermöglicht wird. Dies hat die Anlegung der Anschlussrampe zur Voraussetzung.«*

In der Vorlage ferner ausgeführt, dass, *»dem Wunsch der Firma Siemens & Halske, die Rampenanlage erst zu bauen, wenn feststehe, dass sie zum Anschluss von Straßenbahnen in der einen oder anderen Weise auch wirklich benutzt werde, nicht Rechnung getragen, vielmehr an dem Verlangen, die Rampe gleichzeitig mit der Hochbahn zubauen, fest-*

gehalten werden möchte, damit die Unternehmerin ein Interesse daran habe, die Rampe zum Anschluss von Flachbahnen auch wirklich zu verwerten; sie werde sich dann leichter mit fremden Unternehmern über deren Benutzung verständigen. Werde die Rampe nicht gleichzeitig mit der Hochbahn gebaut, so stehe zu befürchten, dass die Unternehmerin den Bau und die Benutzung der Rampe von Bedingungen abhängig mache, die von den Unternehmern der fremden Anschlussbahnen kaum erfüllt werden können.«

Dass im Übrigen allerdings *»der Verkehr auf der Hochbahn dem Anschlussverkehr vorgehen müsse, d.h., dass bei Überlastung der Hochbahn der mittels der Rampe zugeführte Anschlussverkehr hinter den eigentlichen Hochbahnverkehr zurücktreten müsse, liege in der Natur der Sache.«*

»Die Lösung der Abmachungen über den Anschluss der fremden Bahnen soll der Unternehmerin nur zustehen,« so heißt es weiter, *»wenn dies nach Entscheidung der Bahnaufsichtsbehörde aus Rücksichten des eigenen Betriebes auf der Hochbahn oder aus Betriebssicherheitsgründen notwendig ist. Die Königliche Eisenbahndirektion, welche die Bahnaufsichtsbehörde ist, bietet genügende Gewähr dafür, dass die Beseitigung des Anschlusses nur aus zwingenden Gründen verlangt werden wird.«*

Der Vertragsparagraf 16 erhielt im Laufe der Verhandlungen die auch in der Stadtverordnetenvorlage vom 15. September 1909 wiedergegebene folgende Fassung:

»Vorausgesetzt, dass ein Anschluss fremder Bahnen bau- und betriebstechnisch möglich ist und die Unternehmer der fremden Bahnen zu den einmaligen Anlagekosten der Rampe sowie zu den dauernden Betriebskosten, Unterhaltungs- und Tilgungskosten der Hochbahn einen Beitrag leisten, muss sich die Unternehmerin einen solchen Anschluss gefallen lassen. Wird über den Kostenbeitrag zwischen der Unternehmerin und den Unternehmern der fremden Bahnen keine Verständigung erzielt, so entscheidet über dessen Höhe die Aufsichtsbehörde. In Aussicht sind genommen die Anschlüsse aus der Hardenbergstraße und aus der Joachimsthaler Straße. Ist die betriebstechnische Möglichkeit des Anschlusses später aus Betriebssicherheitsgründen oder aus Rücksichten des eigenen Betriebes nach Entscheidung der Bahnaufsichtsbehörde nicht mehr vorhanden, so ist die Unternehmerin berechtigt, die etwa bestehenden Abmachungen wegen des Anschlusses fremder Bahnen zu lösen.«

»Unter ›Anschluss fremder Bahnen‹ wird verstanden, dass nicht nur bautechnisch ein solcher hergestellt wird, sondern auch, dass die fremden Wagen und Züge weitergeführt werden. Die Unternehmerin bleibt berechtigt, diese Weiterführung der fremden Züge nur in ihrem eigenen Betrieb vorzunehmen, in welchem Fall dann sämtliche Bestimmungen des eigenen Betriebes der Unternehmerin, insbesondere die Bestimmungen über Fahrplan und Beförderungspreise maßgebend sind.«

Der Vertrag sieht also vor, dass der Hochbahn für die Weiterführung der fremden Straßenbahnwagen anteilige Betriebskosten, Unterhaltungs- und Tilgungskosten vergütet, auch die Kosten der Rampe, die die Firma Siemens & Halske erbauen sollte, zum Teil ersetzt werden.

Die Regelung der Abgabenfrage war von der Firma Siemens & Halske in der Weise gedacht, dass »*die Entschädigung für die Weiterführung fremder Betriebsmittel über die Hochbahn derart bemessen werden solle, dass zunächst die Verzinsung des Anlagekapitals der Hochbahn zuzüglich der jährlichen Rücklage für Tilgung und Erneuerung und Reserve sowie sämtliche seitens der Hochbahnunternehmung zu zahlenden Abgaben und endlich die jährlichen Betriebskosten der Hochbahn durch die gesamte Anzahl der in demselben Jahre auf der Hochbahn gefahrenen Wagenkilometer geteilt wird. Der sich hiernach ergebende Betrag ist der Hochbahnunternehmung für jeden über die Hochbahn gefahrenen Wagenkilometer fremder Betriebsmittel zu bezahlen. Die Unterhaltung der fremden Betriebsmittel und deren Betreibung auf der Hochbahn ist Sache des Eigentümers, der außerdem für jeden über die Hochbahn gefahrenen Fahrgast zwei Drittel der jeweilig für die Hochbahn bestehenden Fahrpreise an die Hochbahnunternehmung abzugeben hat.*«

Ein, allerdings sehr erklärliches, Zugeständnis der Stadtgemeinde lag darin, dass sie der Firma Siemens & Halske erlaubte, die fremden Straßenbahnzüge »*im eigenen Betrieb*« der Hochbahn weiterzuführen. Die von der Firma entworfene Fassung dieses Punktes lautete dahin, dass »*in diesem Falle sämtliche Bestimmungen des eigenen Betriebes des Hochbahnunternehmens, insbesondere die Bestimmungen über Fahrplan, Beförderungspreis für die Betriebsmittel, Zugbegleitung, Betriebsart, maßgebend sind.*«

Es ist klar, dass die von der Stadtgemeinde erhobene Forderung der ›*Running Powers*‹ für Straßenbahnzüge, die trotz der der Stadtgemeinde bekannten ablehnenden Stellungnahme der Vertreter der genehmigenden Behörden Vertragspunkt geworden war, toter Buchstabe bleiben musste. Mit Schreiben vom 30. Januar 1897, erklärte denn auch die Stadtgemeinde die Unternehmerin von der Verpflichtung zur Herstellung des zweigleisigen Bahnabzweiges mit der Rampe am Zoologischen Garten für entbunden, sie legte ihr dafür die Verpflichtung auf, an Stelle der Rampe Vorkehrungen zu treffen, die eine Weiterführung der Hochbahn als solche ins Innere Charlottenburgs möglich machen.

Bekanntlich ist in der Folge die Schnellbahn von der Hochbahngesellschaft selbst vom Nollendorfplatz nach Westen unterirdisch weitergeführt worden, ohne dass überhaupt ein Anschluss oder gar ein Gemeinschaftsbetrieb mit fremden Bahnen zur Durchführung gekommen wäre.

Auf den angeführten Vertragsparagrafen greift Charlottenburg jetzt zurück, um sich die ›*Running Powers*‹ für die Züge ihrer Schnellbahn, nicht mehr fremder Straßenbahnen, auf der Hochbahn, und zwar vom Wittenbergplatz ab zu erzwingen, ohne zu bedenken, dass ein solcher Gemeinschaftsbetrieb unter den heutigen dichten Betriebsverhältnissen der Hochbahn ganz und gar undenkbar ist, und ohne zu berücksichtigen, dass man da, wo solche Gemeinschafts Verhältnisse seit altersher bestehen, wie in London, bestrebt ist, sich der Last der Mitbetriebe beim Anlass des Übergangs zum elektrischen Betrieb, so weit wie irgend möglich, zu entledigen. Auch dem Laien muss einleuchten, dass gar die Neueinführung von ›*Running Powers*‹ nach dem heutigen Stande des Eisenbahnwesens im Berliner elektrischen Schnellbahnbetrieb ganz aussichtslos ist. Ein Anschluss lediglich im Sinne des Kleinbahngesetzes, der doch von den ›fremden‹, hier den von der Stadtgemeinde betriebenen Zügen, nicht befahren würde, entbehrte vollends jedes Zweckes. Auf die Hochbahn aber einen Zwang dahin auszuüben, dass sie die Charlottenburger Bahn in ähnlicher Weise in Betriebspacht oder ›Lease‹ nähme, wie die Wilmersdorfer, indem die Hochbahngesellschaft ihre eigenen Züge auf die Charlottenburger Bahn weiterschickte, dazu bietet der Zustimmungsvertrag keine Handhabe.

men Regierungsrat Dr. Eger erstattetes Gutachten – die Hochbahn gleichzeitig durch die ordentlichen Gerichte und durch ein Schiedsgericht zu zwingen, ihr für ihre Züge ›Running Powers‹ auf der Hochbahn vom Wittenbergplatz ab einzuräumen, indem sie damit die Verantwortung über die Betriebsführung und die Betriebssicherheit gleichzeitig den Gerichten überweist. Auf den früher aufgetauchten Gedanken, auf Grund des § 16 des Zustimmungsvertrages von der Hochbahn womöglich gar auch noch die Einführung eines Durchgangstarifs

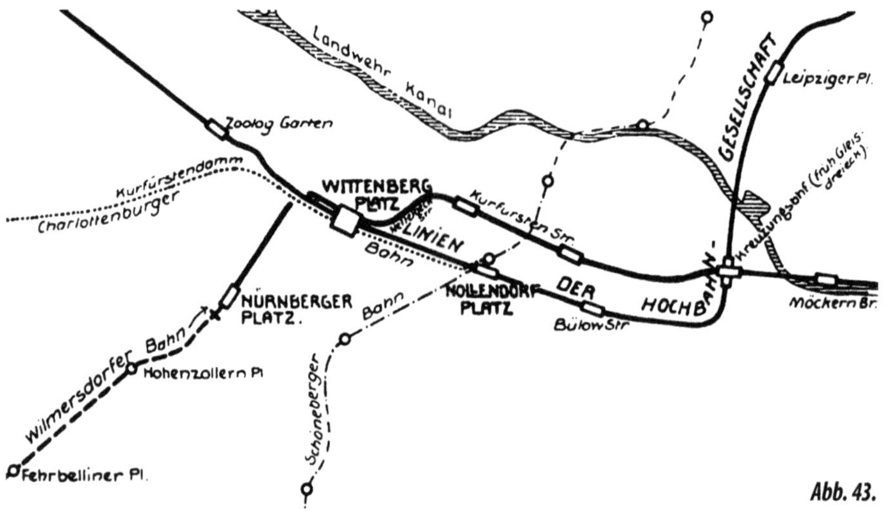

Abb. 43.

Da sich nun die Stadt Charlottenburg nicht damit zu begnügen wünscht, dass den Fahrgästen ihrer Bahn am Bahnhof Wittenbergplatz ein bequemes Umsteigen von und nach den Linien der Hochbahngesellschaft ermöglicht wird, wie es im Verkehrswesen allgemein in den Kauf genommen wird, so sucht die Stadtgemeinde, ohne die den Behörden zustehenden Überwachungs- und Genehmigungsrechte weiter in Betracht zu ziehen und ohne sachliche Würdigung der Betriebsformen – und zwar unter Bezugnahme auf ein vom Gehei-

zu fordern, ist die Stadtgemeinde in den von ihr angestrengten Prozessen, deren formal-rechtliche Motivierungen hier nicht weiter interessieren, allerdings jetzt nicht weiter eingegangen.

Während sich nun die Stadtgemeinde, statt sich mit bequemem Umsteigen am Wittenbergplatz zu begnügen, die ›Running Powers‹ auf irgendeine Weise zu erzwingen sucht, hat die Gestaltung ihres Schnellbahnentwurfs selbst große Wandlungen erfahren, ohne bisher in irgendeinem Punkt genehmigt zu sein, so dass die Gemeinde den Gemeinschaftsbetrieb eigentlich für eine Linie erzwingen will, die einstweilen nicht anders als in der Idee Charlottenburgs besteht.

Die von Charlottenburg zunächst in Aussicht genommene Linie, die wesentlich von bereits bestehenden Schnellbahnen gezehrt hätte, konnte begreiflicherweise Aussicht auf Verwirklichung nicht wohl bieten. Sie fand, abgesehen von der allgemeinen mangelhaften Linienführung, insbesondere scharfen Widerspruch bei der Hochbahngesellschaft; auch wurde eingewendet, dass diejenigen, welche die auf fester rechnerischer Grundlage ermittelte Subvention für die Westendlinie aufgebracht hätten, darunter Charlottenburg selbst, nicht das Recht hätten, diesem garantierten Unternehmen nun dadurch, dass sie ihm selbst Konkurrenz machten, nachträglich wieder den Boden zu untergraben.

In Verhandlungen, die vom Minister der öffentlichen Arbeiten anberaumt wurden, um in der westlichen Schnellbahnfrage eine alle Teile möglichst befriedigende Lösung zu finden, erklärten sich die Vertreter Charlottenburgs

bereit, einem Vermittlungsvorschlag dahingehend zuzustimmen, dass die Hochbahngesellschaft ihre Verstärkungslinie zwischen dem Bahnhof Wittenbergplatz und der Bülowstraße durch die Nettelbeckstraße und Kurfürstenstraße lenke *(Abb. 43)*.

Der Gedanke, die Charlottenburger Linie aus dem Zug des Kurfürstendammes statt nach Witzleben in der Richtung auf Schmargendorf-Grunewald weiterzuführen, fand dagegen keine Zustimmung, ebenso wurde der Vorschlag, die Charlottenburger Bahn mit der durch die Uhlandstraße zum Kurfürstendamm, statt direkt auf den Wittenbergplatz zu geführten Wilmersdorfer Bahn im Kurfürstendamm selbst zu vereinigen *(Abb. 44)*, von Charlottenburg missbilligt, so dass schließlich auf den eigenen Vorschlag Charlottenburgs, seine Straßen für den Lauf der Verstärkungslinie der Hochbahn dann zur Verfügung zu stellen, wenn letztere durch die Nettelbeck- und Kurfürstenstraße geleitet werde, zurückgegriffen wurde.

Seitens des Ministers der öffentlichen Arbeiten war, wenn er auch das be-

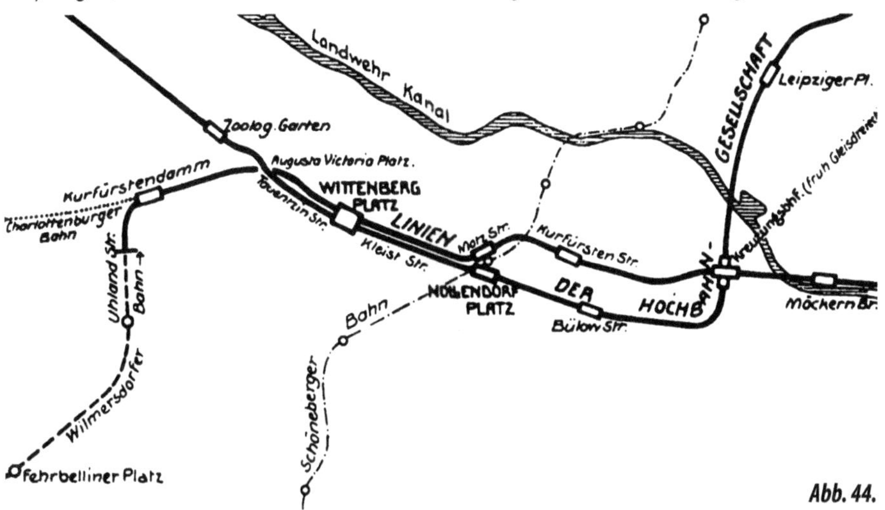

Abb. 44.

rechtigte Interesse der Stadtgemeinde Charlottenburg durchaus anerkannte, ihr Kurfürstendammgebiet schnellbahnmäßig aufzuschließen, der große durchgehende Linienzug der Wilmersdorfer und Dahlemer Bahnen, die ein dem Schnellverkehr bisher überhaupt noch nicht zugängliches großes Gebiet in durchgreifender Weise eröffnen, als den wichtigeren Verkehrsinteressen dienend, anerkannt worden. Ein Blick auf die *Abb. 42* genügt, um diesen Standpunkt zu verstehen. Für die beiden letzteren Bahnen wie auch für die Verstärkungslinie der Hochbahn vom Gleisdreieck nach dem Nürnberger Platz, führe letztere durch die Kleiststraße oder die Kurfürstenstraße, wurde demzufolge die Zulassung als Kleinbahn ausgesprochen.

Nunmehr setzt ein Vorgang ein, der in seinem Ursprung und seinen Zielen nicht klar ist: nämlich das nachträgliche Verbot Charlottenburgs der von den Gemeindevertretern bereits gebilligten Führung der Verstärkungslinie durch die Nettelbeck- und Kurfürstenstraße. Die Folge war, dass sich die Hochbahngesellschaft veranlasst sah, für die ihr ursprünglich zugesagten Strecken die Ergänzung zu beantragen. Die Stadtgemeinde hingegen berief sogleich eine Stadtverordnetenversammlung, in der beschlossen wurde, für die Verstärkungslinie nun doch die früher abgelehnte Uhlandstraßen-Führung anzubieten, an die Charlottenburg nunmehr auf dem Kurfürstendamm mit einem Pendelbetrieb anzuschließen bereit war. Der von der Stadtverordnetenversammlung gefasste einstimmige Beschluss lautet wie folgt *(Abb. 44)*:

Der Beschluss, zusammengehalten mit dem Begehren der ›Running Powers‹ auf der Hochbahn vom Wittenbergplatz ab, ist nicht verständlich. Während das ordentliche Gericht und das Schiedsgericht der Stadtgemeinde den »Anschluss fremder Bahnen am Wittenbergplatz« im Sinne des 16. Vertragsparagrafen verschaffen sollen, den die Behörden aus eisenbahnfachmännischen und Betriebssicherheitsgründen zweifellos niemals gewähren können, erklärt gleichzeitig die Stadtverordnetenversammlung, dass sie diesen Anschluss gar nicht wünsche. Sie bietet vielmehr der Hochbahn die Zustimmung für die Weiterführung ihrer eigenen Bahn in westlicher Richtung in den Kurfürstendamm an, an welche die Charlottenburger Bahn an der Ecke der Uhlandstraße anschließen soll, und zwar mit einer Linie, bei der sich die Stadtgemeinde sogar ausdrücklich bereiterklärt, vom Übergang ihrer Züge auf die Linie der Hochbahn Abstand zu nehmen! Das allerdings ist aus dem Beschluss der Stadtverordneten noch zu erwähnen, dass sie voraussetzen, dass bei diesem Anstoß das Umsteigen noch in der Weise erleichtert werde, dass es auf demselben Bahnsteig erfolgen könne.

Gegenüber diesem Beschluss nun steht die Gemeinde Wilmersdorf auf dem Standpunkt, dass sie der von Charlottenburg beschlossenen Linienverschwenkung durch die Uhlandstraße, über die sie ja mitzureden hat, nicht zustimmen könne.

Die ganze Angelegenheit hat einstweilen Ausdruck gefunden in einer ganzen Kette von Prozessen und Beschwerden, die gegen die Hochbahngesellschaft angestrengt worden sind, von denen die beiden bereits erwähnten sich auf den § 16 des Zustimmungsvertrages beziehen. Andere haben unmittelbar Bezug auf das Ergänzungsverfahren, und auch die Stadt Schöneberg erscheint mit Beschwerden auf dem Plan, weil ihr die Verdoppelung der Hochbahngleise zwischen Wittenbergplatz und Gleisdreieck in Gestalt der Führung der neuen Gleise durch die Kurfürstenstraße nicht zusagt. Alle diese Dinge werden nun in der Tagespresse breitgetreten, aus der der Inhalt der Charlottenburger Stadtverordnetenvorlage bruchstückweise widerklingt, doch ohne dass ihr Leserkreis sich aus den Pressemitteilungen ein zutreffendes Bild von der etwas verwickelten Sachlage machen könnte. Die Vorgänge sind aber so überaus bemerkenswert, dass mir deren ausführlichere Erläuterung von Interesse erschien, damit sie der Geschichte des Berliner Schnellverkehrswesens erhalten bleiben.

Eins aber ist offensichtlich: es sind nicht immer durchsichtige und kundige Wege, die die Schnellverkehrspolitik der Städte zu wandeln für gut findet. ❏

Otto Leitholf

Die Überbauung der Untergrundbahn durch das Deutsche Opernhaus

DEUTSCHE BAUZEITUNG • 22.1.1913

Das vom Stadtbaurat von Charlottenburg H. Seeling erbaute ›Deutsche Opernhaus‹ in Charlottenburg wird von drei Straßenzügen begrenzt: der Bismarckstraße im Süden, der Sesenheimer Straße im Westen und der Krummen Straße im Osten. Die beiden erstgenannten Straßenzüge nun, die nahezu rechtwinklig zueinander verlaufen, enthalten die Tunnelbauten der Untergrundbahn, wobei der an der nordöstlichen Straßenecke vermittelnde Tunnelteil in scharfer Kurve verläuft.

Da nun zurzeit der Erbauung der Untergrundbahn das an vorerwähn-ter Straßenecke liegende Grundstück in nicht wertvoller Weise bebaut war, wurde der Bahngesellschaft seitens der Eigentümerin des Grundstückes, der Stadt Charlottenburg, gestattet, für den in der Kurve verlaufenden Tunnelteil außer dem Straßengelände auch den an der Ecke gelegenen Teil des Baugeländes in beschränkter Weise mit in Benutzung zu nehmen. Bedingung war dabei, dass die Bebauungsmöglichkeit des Grundstückes keine Einschränkung erfahren durfte. Diese Forderung konnte freilich nur in der Form erfüllt werden, dass der in das Grundstück einschneidende Teil des Untergrundbahn-Tunnels nachträglich überbaut wurde. Diese Notwendigkeit trat ein, als das betreffende Grundstück für den Neubau des Deutschen Opernhauses in Anspruch genommen wurde. Der durch die Untergrundbahn in Benutzung genommene Teil des Baugeländes, der angenähert die Form eines gleichschenklig rechtwinkligen Dreieckes zeigt *(vgl. Abb. 45 u. 46)*, hat in den Baufluchten liegende Schenkellängen von rd. 12 m, abgesehen von einer dort gleichfalls gelegenen Lüftungsöffnung für die Untergrundbahn.

Bei der Planung des Opernhauses wurde nun eine nur teilweise Ausnutzung der Ecke des Grundstückes vorgesehen, derart, dass die Außenfluchten

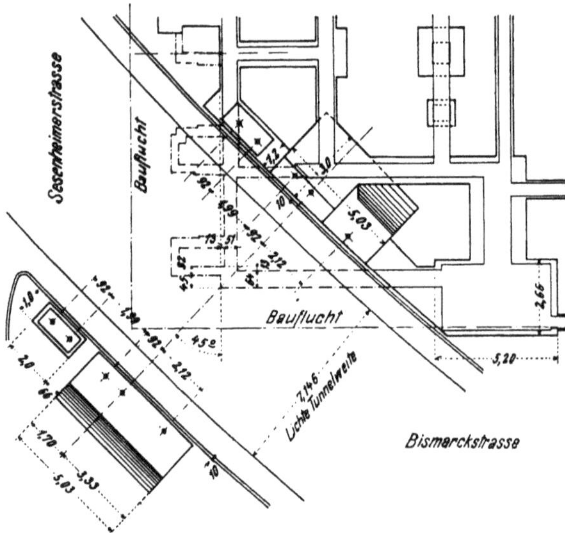

Abb. 45. Aufsicht auf den Untergrundbahn-Tunnel.

der beiden Frontwände etwa 1,5 m gegen die Baufluchten zurücktreten. Immerhin kragen die Frontwände dabei noch rd. 8 m über den Tunnelbau hinweg, so dass die Gebäudeecke nahe der Tunnelmitte liegt. Eine Belastung des Tunnelbaues durch den Hochbau war aber in jedem Falle auszuschließen.

Nebenbei sei noch erwähnt, dass der in Rede stehende Teil der Frontwand an der Bismarck-Straße im Untergeschoss keine Öffnungen enthält, während derjenige der Sesenheimer Straße Eingangsöffnungen aufweist *(Abb. 46)*. Die nahe der zweiten und dritten Öffnung

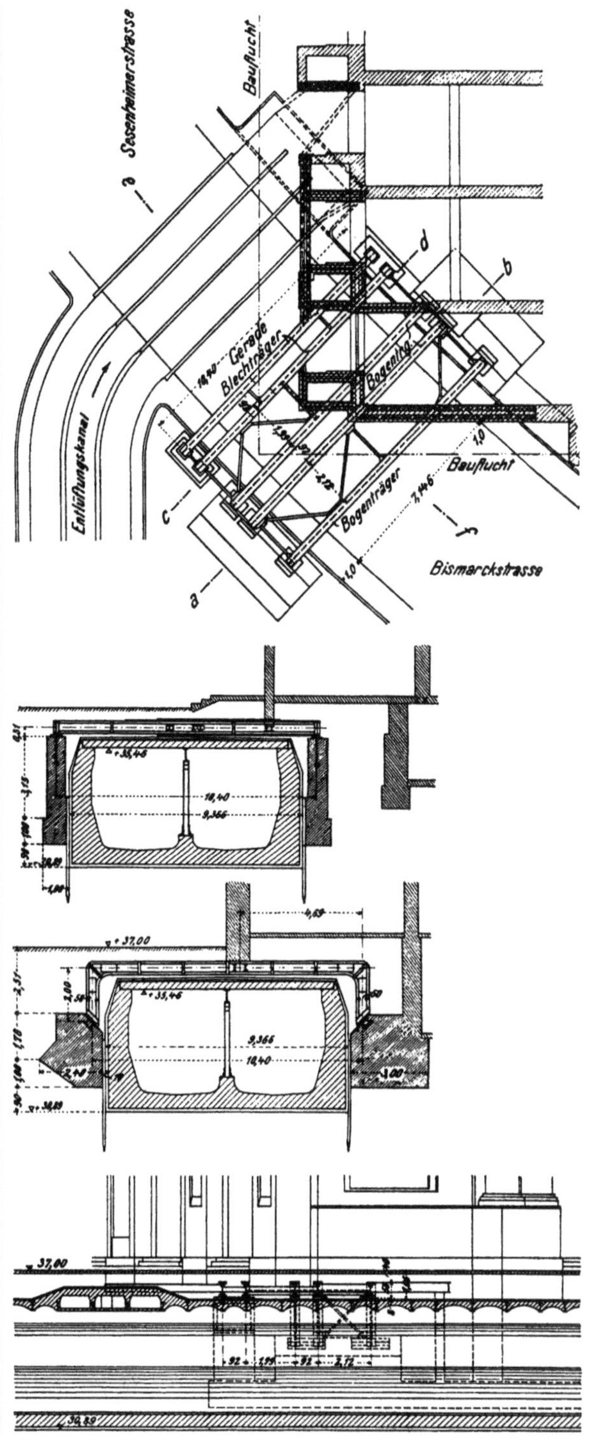

Abb. 46. Aufsicht auf die Träger.

gelegene, bereits erwähnte Lüftungsöffnung, die nun in Straßenhöhe überdeckt werden musste, entlüftet jetzt in zwei Schlote, die als Pfeilervorlagen des Gebäudes ausgeführt wurden *(Abb. 45 u. 46)* und die bis über die Brüstungshöhe des ersten Stockes reichen. Die der Ecke zunächst liegenden beiden hohlen

Abb. 47. Schnitt a – b in Abb. 2.
Abb. 48. Schnitt c – d in Abb. 2.

Pfeilervorlagen dienen somit nur dekorativem Zweck.

Zur konstruktiven Gestaltung der Abfangung des Hochbaues sei nun mitgeteilt, dass es sich verbot, die 8 m weit auskragenden Frontwände etwa auf Freiträgern zu errichten, die in den rückwärts gelegenen Teilen der Frontwände hätten Halt finden können. Die Abfangung musste vielmehr in Form einer regelrechten Überbrückung der Untergrundbahn vorgenommen werden, wobei die Unterzugträger zu beiden

Abb. 49. Schnitt e – f in Abb. 2.

Seiten, außerhalb der Tunnelwände, auf besonders auszuführenden Mauerpfeilern aufruhen *(Abb. 46 – 49)*.

Fünf parallel verlegte Unterzugträger von 10,4 m Stützweite kamen zur Verwendung, wobei der durch die Gebäu-

die an den Hauptträgern verlascht sind *(Abb. 47 u. 48)* stützen die Wandteile, welche zwischen diesen liegen. Beide Trägerpaare erhielten Kreuzverbände, deren Glieder z. T. durch vorerwähnte Wechsel gebildet werden.

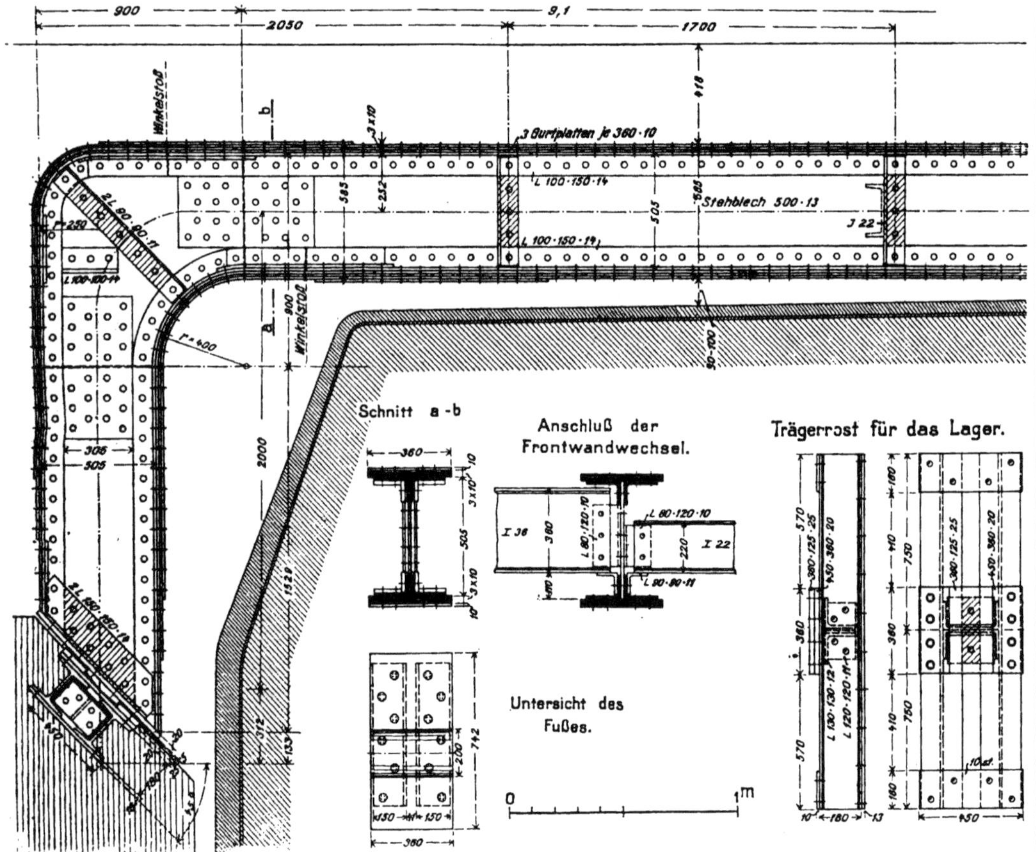

Abb. 50. Einzelheiten der Ausbildung der Zweigelenk-Bogenträger.

deecke gehende radial zur Krümmung verlegt ist. *Abb. 46 u. 49* lassen dabei erkennen, dass zwei in je 92 cm Abstand verlegte Trägerpaare den Eckpfeiler und den zunächst liegenden Frontwandpfeiler an der Sesenheimer Straße unterstützen, während ein Einzelträger die volle Frontwand an der Bismarckstraße noch nahe der Mitte der Kragweite stützt. Einfache I-Walzträgerwechsel,

Für die Gestaltung der Hauptträger stand eine nur geringe Konstruktionshöhe von rd. 60 cm zu Gebot, da einerseits ihre Unterkante ausreichenden Spielraum gegen die Tunneldecke halten, während anderseits oberhalb der Träger für Rohrleitungen und Straßenpflasterung ausreichender Platz verfügbar bleiben musste. Ihrer Belastung und der auftretenden Biegungsmomente angemessen, konnten die beiden Unterzugträger des äußeren Paares als genietete Balkenträger *(Abb. 48)* zur Ausführung kommen, während die drei übrigen Träger als Zweigelenkbogen *(Abb. 47)* gestaltet wurden, deren Schenkellänge 2 m beträgt. Dadurch war es möglich, diese letztgenannten besonders ungüns-

Abb. 51. Bloßgelegte Tunneldecke und Aushub der inneren Baugrube.

tig belasteten Träger in den zulässigen Grenzen zu halten. Die Träger sind dabei durchweg einwandige.

Die Einzeldurchbildung der Bogenträger zeigt *Abb. 50.* Die Gelenkpunkte wurden bei Umgehung von Bolzengelenken unter Verwendung von gewölbten Druckplatten gebildet, die seitlichen Halt durch aufgenietete Ränder der Auflagerplatte finden. Letztere wurde bei allen Zweigelenkstützpunkten als eiserner Rost von höchstens 150 × 450 cm Seitenabmessung *(Abb. 47 u. 50)* ausgeführt, der in die aus Beton gebildeten Widerlager eingelassen und vergossen worden ist.

Die fotografischen Aufnahmen *(Abb. 51 u. 52)* zeigen einerseits die bloßgelegte Tunneldecke und die für Aufnahme der Widerlager in Ausführung begriffene innere Baugrube, anderseits in Flucht

Abb. 52. Frontwand des Opernhauses an der Bismarckstraße. Abfangung durch die Zweigelenkbogen.

der Bismarckstraße die Frontwand von letzterer, ihre Abfangung und Unterstützung durch die Zweigelenkbogen.

Verfasser, der von der Bauverwaltung mit Entwurf und Einzelbearbeitung aller Konstruktionen des Opernhauses betraut war, bearbeitete auch die vorgeschilderte Bauaufgabe. Ihre Ausführung bewirkten die Vereinigten Kammerich und Belter & Schneevoglschen Werke in Berlin-Wittenau. ❏

Abb. 53 / 54. Bahnhof Podbielskiallee.
Architekt: Heinrich Schweitzer.

Abb. 55 / 56. Bahnhof Dahlem Dorf.
Architekten: Gebrüder Hennings.

Abb. 57 / 58. Bahnhof Thielplatz.
Architekt: Heinrich Straumer.

Die Eröffnungsfeier der neuen Groß-Berliner Schnellbahnen

ZEITUNG DES VEREINS DEUTSCHER EISENBAHN-VERWALTUNGEN ♦ 15.10.1913

Der 9. Oktober 1913 bedeutet einen wichtigen Merkstein in der Entwicklung des Groß-Berliner Schnellverkehrs. An diesem Tage wurde der neue Untergrundbahnhof Wittenbergplatz mit seinem den Mittelpunkt dieses Platzes einnehmenden Hochbau und die an ihn anschließenden Untergrundbahnen nach Dahlem mit den Stationen Nürnberger Platz, Hohenzollernplatz, Fehrbelliner Platz, Heidelberger Platz. Hildesheimer Platz, Breitenbachplatz, Podbielskiallee, Dahlem Dorf und Thielplatz, und ferner die kurze Strecke Wittenbergplatz – Uhlandstraße in der Mitte des Kurfürstendamms eingeweiht, um am 12. Oktober dem öffentlichen Verkehr übergeben zu werden. Die Länge der ersteren Bahnstrecke beträgt 8½ km, der anderen kurzen Strecke 1½ km. Der fast überall mit Hemmnissen der verschiedensten Art verbundene Bau hat eine Zeit von rund 2¼ Jahren in Anspruch genommen. Es waren nicht nur große technische Schwierigkeiten zu überwinden – der Untergrundbahnhof Wittenbergplatz musste mit den beiden von da ausgehenden Abzweigungen ausgeführt werden, ohne dass der lebhafte Betrieb der bestehenden Untergrundbahn auch nur einen Augenblick gestört werden durfte –, in ihrer Weise ganz besonders verwickelt waren auch die Verwaltungs-, Finanz- und Rechtsfragen aller Art, deren Lösung bei der großen Zahl der beteiligten öffentlichen und privaten Körperschaften, der Behörden und Gemeinden trotz allseitigen guten Willens sich oft schwierig genug gestaltete.

Die Einladungen zu der Feier waren von den drei Bauherren der neuen Strecke ergangen, der Königlichen Kommission zur Aufteilung der Domäne Dahlem, dem Magistrat der Stadt Berlin-Wilmersdorf und der Hochbahngesellschaft. Mehr als 500 Geladene versammelten sich von 15.30 Uhr an in dem prächtigen Innenraum des von Professor Grenander geschaffenen Bahnhofsgebäudes auf dem Wittenbergplatz. Die hohe Halle, die von einem Aufbau mit reichlichem Seitenlicht gekrönt ist, mutet durch ihre schönen Abmessungen und die Bekleidung mit fein abgetönten Majoliken besonders an: Der Raum fand auch bei denen Bewunderung, die den Außenbau befehden, weil er das früher freie Straßenbild Kleiststraße – Wittenbergplatz – Tauentzienstraße notgedrungen zerstört hat. Dafür aber sind zwei neue schöne Straßenbilder geschaffen: die Kleiststraße mit dem Abschluss des Bahnhofsgebäudes auf dem Wittenbergplatz und die Tauentzienstraße mit demselben Abschluss auf der einen, der Kaiser-Wilhelm-Gedächtniskirche auf der anderen Seite.

Aus der Zahl der Festgäste können wir natürlich nur einige der hervorragendsten nennen: die Staatsminister Dr. Freiherr v. Schorlemer, v. Breitenbach, Dr. Sydow, Dr. v. Dallwitz und Dr. Lentze, den Oberpräsidenten v. Conrad, den Polizeipräsidenten v. Jagow, den Ministerialdirektor Brümmer als Vorsitzenden der genannten Kommission für Aufteilung von Dahlem, den Ministerialdirektor Hoff, den Regierungspräsidenten von der Schulenburg, den Eisenbahndirektionspräsidenten Rüdlin. Die beteiligten Landräte und Bürgermeister, Direktoren und Räte der Ministerien, Räte der Eisenbahndirektion Berlin, der Regierung in Potsdam, der Polizeipräsidien und sonstigen Behörden, Mitglieder der Stadt- und Gemeindevertretungen, Vertreter der Banken, der Industrie, der Technik und der Presse, die beteiligten Künstler, Ingenieure und Baumeister waren in großer Zahl erschienen.

Ehe die Fahrt angetreten wurde, hatte Staatsminister von Breitenbach auf einem der unteren Bahnsteige in einem engeren Kreise die aus Anlass der Feier allerhöchst verliehenen Auszeichnungen bekanntgemacht. Wir erwähnen die Verleihung des Titels als Geheimer Baurat an die Herren Regierungsrat Kemmann, Bauräte Lauter und Bandekow, des Titels als Baurat an den Direktor Bousset von der Hochbahngesellschaft.

Die oben versammelten Festgäste begaben sich pünktlich um 15.50 Uhr über die breite bequeme Treppe zu dem nur 2,9 m tiefer liegenden Bahnsteig, von dem aus die Fahrt

zur Endstation Thielplatz angetreten wurde. Zunächst werden die Gleise der alten Bahn nach dem Zoologischen Garten unterfahren. Einer der technischen und landschaftlichen Glanzpunkte der Bahn ist die Durchschneidung des anzulegenden Wilmersdorfer Seeparks mittels einer zweistöckigen Brücke, deren untere Fahrbahn die im Tunnel liegenden Gleise trägt, von denen aus der Blick durch die Öffnungen in seitwärts liegende Wandelhallen fällt. Diese ihrerseits gewähren durch eine geschmackvolle Säulenstellung den Ausblick auf den Park und seinen See. Die Wandelhallen werden einen Hauptanziehungspunkt dieses Parkes bilden. Diese Brücke, deren Besichtigung leider nicht möglich war, liegt dicht vor der Einfahrt in den Bahnhof Heidelberger Platz. Auf ihm wurde der erste kurze Aufenthalt genommen. Seine mächtigen auf

**Abb. 59.
Die Schnellbahnen
nach Wilmersdorf-Dahlem
und zum Kurfürstendamm.**

granitenen Säulen ruhenden Kreuzgewölbe machen einen Eindruck, der mit dem Nützlichkeitsbau eines Untergrundbahnhofs wenig gemein hat und eher an die großen Gewölberäume unserer neuen Großstadt-Rathäuser erinnert.

Diese Bauart deutet schon auf die tiefe Lage des Bahnhofs (9 m unter Geländehöhe); sie ist bedingt durch die Notwendigkeit der Unterführung der Ringbahn (unmittelbar am Bahnhof Schmargendorf). Neben der Fahrbahn liegt hier

ein Gang, durch den man zu dem bereits jenseits der Ringbahn gelegenen Vorraum mit dem Südausgang des Bahnhofs zum Heidelberger Platz gelangt. Nach kurzer Weiterfahrt wird der Bahnhof Rüdesheimer Platz erreicht, der Gelegenheit gibt, den oben gelegenen Platz mit seinen gärtnerischen Schmuckanlagen und die um ihn liegenden, eine Gartenstadt neuesten Stils bildenden Häuserreihen zu besichtigen. Weiter folgt der Bahnhof am Breitenbachplatz, der, noch fast in freiem Feld gelegen, erst die Anfänge einer nun vermutlich rasch folgenden Bebauung zeigt. Nun tritt die Bahn aus dem Tunnel in den offenen Einschnitt, unterfährt an dem in diesem Einschnitt gelegenen Bahn-

hof Podbielskiallee die gleichnamige breite Prachtstraße, die vom neuen Botanischen Garten zum Grunewald führt, und erreicht den Bahnhof Dahlem Dorf, der in seinem Äußeren vollkommen einem niederdeutschen Bauernhaus gleicht und das behagliche Strohdach trägt, das dennoch völlig unverbrennlich ist. Eine Minute weiter und wir sind am Endpunkte der Fahrt, am Bahnhof Thielplatz angelangt. Der noch unbebaute Platz ist nach dem um die Entwicklung Dahlems hochverdienten Ministerialdirektor a. D. Thiel benannt, der zu den gefeierten Gästen des Festes gehörte. Der Bahnhof liegt im Einschnitt und gewährt nur einen Blick auf hohe, graue Erdwälle; um so größer war aller Überraschung, als man auf neu gezimmertem Holzsteg durch eine geräumige Kleiderablage in eine weite und lange, mit Fahnen und Girlanden reich geschmückte Festhalle gelangte, die in glänzendem elektrischen Licht erstrahlte und in ihrem wirkungsvollen Inneren nicht ahnen ließ, dass sie, nur zu diesem Fest errichtet, mit dessen Beendigung wieder vom Erdboden verschwinden solle. An langen weißen, mit Geschirr, Gläsern und Blumen reich besetzten Tafeln war für 520 Teilnehmer gedeckt. Jeder fand infolge eines sinnreichen alphabetischen Wegweisers in Verbindung mit bildlicher Darstellung der Tafeln rasch den ihm bestimmten Platz. An beiden Seiten der Halle waren weite Musikbühnen errichtet. Das bescheiden als ›Imbiss‹ bezeichnete reiche Festmahl begann. Seine vornehmste Weihe erhielt es durch die trefflichen vier Festreden, die ein großzügiges und geschlossenes Bild von dem jetzt vollendeten Werk und der Freude über sein glückliches Gelingen gaben und es von den verschiedensten Seilen beleuchteten.

Die Reihe der Trinksprüche wurde durch den Landwirtschaftsminister, Frhrn. v. Schorlemer, eröffnet.

»Das im hellen Lichterglanz erstrahlende Festzelt erhebt sich auf dem Boden der Königlichen Domäne Dahlem, ich heiße Sie aus diesem Anlass als Chef der Domänenverwaltung herzlichst willkommen. Das landschaftliche Bild, welches bei dem gegenwärtigen Anblick unseren Augen sichtbar ist, hat sich im letzten Jahrzehnt sehr erheblich verändert. Es war am 1. April 1901, als der letzte Pächter der Domäne Dahlem seine Pacht aufgab und in diesem Augenblick im Landwirtschaftsministerium der Entschluss reifte, das Gebiet der Domäne zu einem Villengebiet zu gestalten und in diesem Gebiet auch diejenigen wissenschaftlichen Lehr- und Forschungsinstitute aufzunehmen, für welche in Groß-Berlin und der nächsten Umgegend ein Platz nicht mehr zu finden ist. Welche

Entwicklung finden wir seit dem Jahre 1901? Damals hatte Dahlem – wenn ich recht unterrichtet bin – 194 Einwohner und heute 5212. Außerdem sind in Dahlem inzwischen neun staatliche und fünf Reichsinstitute entstanden, deren Zahl sich noch vermehren wird. Es kann daher nicht wundernehmen, dass bei dieser Ausdehnung der Kolonie Dahlem auch das Bedürfnis hervortrat, in eine engere Verbindung mit Berlin und seinen Nachbarstädten zu kommen, und es ist den vereinten Bemühungen von Wilmersdorf und Dahlem zu danken, dass das große Werk zustande gekommen ist, dessen Eröffnung wir heute feiern, und ich hoffe, dass es von Nutzen sein möge, für das einmütige Zusammenwirken der beiden Vororte von Berlin in den Fragen, die für ihre Entwicklung gemeinschaftlich zu lösen sind.«

Dann erhob sich Staatsminister v. Breitenbach zu einer Rede auf die drei Bauherren:

»Den Abschluss großer Werke pflegen wir festlich zu begehen. Aber wohl bei keiner Weihe ist in der Festesstimmung ein so starker Unterton der Freude und der frohen Genugtuung über das erreichte Ziel, wie bei Vollendung großer Werke des Verkehrs. Und dieses ist natürlich, da die Freigabe des Geschaffenen für den Verkehr, insbesondere in einer Weltstadt, das Interesse ungezählter Tausende unserer Mitbürger berührt, für sie täglich und stündlich fühlbar wird im Sinne der Förderung ihrer wirtschaftlichen und sozialen Interessen, und wer wollte heute in Zweifel ziehen, dass die Untergrundbahnen und Schnellbahnen, die wir heute weihen, diesen Interessen dienen und sie fördern werden. Handelt es sich doch nicht allein darum, stärker

besiedelte Stadtgegenden mit diesen vollkommensten Verkehrswegen des Großstadtverkehrs zu beglücken. Gerade die Charlottenburg-Wilmersdorf-Dahlemer Bahn will Träger einer fortschreitenden Bebauung sein, soll neue Stadtgebiete erschließen, insbesondere auch innerhalb eines Gebietes, das der Staat im Hinblick auf die ländliche Ruhe und Abgeschlossenheit für die Errichtung wissenschaftlicher Forschungsinstitute bestimmt hat, soll alle diese Gebiete mit dem stark pulsierenden Leben der Reichshauptstadt in unmittelbare Verbindung bringen. Der Verkehr strebt nach Einheit und Einheitlichkeit. Dieses zu erreichen, ist für städtische Bahnen überall dort nicht schwer, wo ein Verkehrsunternehmen sich aufbaut auf einem in sich geschlossenen Organismus, wie dem eines Kommunalverbandes. Aber diese kommunale Einheit fehlte leider bei Begründung des Unternehmens, das wir heute weihen. Der Zweckverband, auf den die Staatsregierung gerade nach dieser Richtung große Hoffnungen setzt, und von dem sie Ersprießliches, Nützliches erwartet, war zu jener Zeit noch nicht geschaffen. Kommunale Gegensätze standen sich schroff und unvermittelt gegenüber. An der Wiege unseres jungen Verkehrsriesen waren die Symbole des Friedens und der Eintracht nicht errichtet. Wenn trotz der Kriegsfanfaren, die kräftig und laut erklungen sind, es doch gelungen ist, einen Ausgleich herbeizuführen und die widerstreitenden Interessen zu versöhnen, so beruhte dies auch hier auf der Erkenntnis, dass Verkehrsnotwendigkeiten befriedigt werden müssen. Dass an diesem Ausgleich zielbewusste Männer mitgewirkt haben, war für mich eine besondere Freude. Den Beschluss der Gemeinden Wilmersdorf, Dahlem und Steglitz, einem Bahnhof und Platz im Zuge der Linie meinen Namen zu geben, buche ich auf das Konto dieser meiner Mitwirkung und er verpflichtet mich zu herzlichem Dank und ehrt mich und meine starken Mitarbeiter.

Das Werk, welches in jahrelanger Arbeit und, wie ich feststellen muss, angesichts der großen technischen Schwierigkeiten, die zu überwinden waren, in erstaunlich kurzer Zeit geschaffen worden ist, haben wir heute geschaut. Es lobt seinen Meister. Still unter der Erde ist eine Arbeit in technischer Vollkommenheit geschaffen worden, die ein glänzendes Zeugnis für unsere deutsche Ingenieurkunst abgibt. Anerkennung verdienen und heischen die Männer, die hierbei Denker und Lenker gewesen sind, die mit Kopf und Hand das haben werden und entstehen lassen. Besonders bemerkenswert deucht mir, dass, obwohl drei Kommunen beteiligt waren und drei Bauherren mitwirkten, das Ganze wie aus einem Guss erscheint und doch jeder einzelne Teil seine Eigenart aufweist. Beginnend mit dem – ich muss es hier aussprechen – in harmonischen Formen geschaffenen Nützlichkeitsbau auf dem Wittenbergplatz (lebhafter Beifall) bis zu den Bauten in reichster und reicher Architektur innerhalb der Stadt Wilmersdorf und zu dem Strohdach auf dem Gebiet von Dahlem, der dortigen ländlichen Bauart angepasst, die uns dort glücklicherweise erhalten bleibt. Mögen die neuen Unternehmungen in Charlottenburg, Wilmersdorf und Dahlem den beteiligten Gemeinden, den Terraingesellschaften, die starke Mithelfer gewesen sind, den Erbauern und Bauherren und der betreibenden Gesellschaft nicht Quell der Sorge, sondern Freude sein, mögen sie blühen und gedeihen. Mögen sie erneuten Anstoß geben zu weiterem, kräftigem Ausbau des Schnell- und Untergrundbahnnetzes, dessen wir in der Reichshauptstadt über das Geschaffene hinaus dringend noch bedürftig sind, dessen Förderung sich alle angelegen lassen sein müssen, die es angeht, den Zweckverband in erster Linie, die Gemeinden, die vielerfahrene und hochverdiente Untergrundbahngesellschaft mit den ihr verbündeten Kapitalmächten und selbstverständlich auch die Behörden des Staates.«

Oberbürgermeister Habermann dankte allen Mitwirkenden an dem Werk im Namen der Stadt Berlin-Wilmersdorf mit folgenden Worten:

»Nach langwierigen Verhandlungen, nach arbeits- und sorgenreichen Vorbereitungen, nach mühevoller Durchführung der wohldurchdachten Pläne sehen wir heute das große und hochwichtige Unternehmen der Untergrundbahn in allen Teilen fertiggestellt und können jetzt mit Stolz und Freude die Eröffnung dieses weit über das Gebiet der beteiligten Gemeinden hinausragenden Bauwerks festlich begehen. Unsere Gemeinde kann sich getrost dieser Tat rühmen, sie gereicht ihr zur Ehre, zumal viele fast unüberwindliche Schwierigkeiten der Ausführung dieses bedeutsamen Unternehmens entgegenstanden. Dass die Schnellbahn, deren Weihe wir heute feiern, für die bauliche und wirtschaftliche Entwicklung von Wilmersdorf und Dahlem von allergrößter Wichtigkeit ist, bedarf keines Beweises. Aber die Bahn hat nicht nur für Wilmersdorf und Dahlem ein erhebliches Interesse, es ist vielmehr ein Verkehrsmittel von Groß-Berlin; darin liegt ihre Hauptbedeutung. Was hier gemeinschaftlich von Wilmersdorf, Dahlem und der Hochbahngesellschaft geschaffen worden ist, hat Wert für alle Bürger Groß-Berlins und kommt zugute

all denen, deren Interessensphäre über den Westen Berlins hinausreicht. So ist denn ein Werk entstanden, welches durch die Befriedigung aller wirtschaftlichen und Verkehrsbedürfnisse die Gewähr bietet, dass die großen Aufwendungen und dadurch geschaffenen großen Wert der Allgemeinheit reichen Nutzen bringen werden. Und zu der Freude über die Vollendung des Werkes gesellt sich ein Gefühl der Dankbarkeit. In erster Linie gebührt wärmster Dank den drei Verbündeten, der Königl. Kommission zur Aufteilung der Domäne Dahlem, der Hochbahngesellschaft und den beteiligten Terraingesellschaften, ohne deren lebhafte und energische Unterstützung die Durchführung des Unternehmens kaum möglich gewesen wäre. Herzlichen. Dank ferner den städtischen Körperschaften von Wilmersdorf, die in weitsichtiger Erkenntnis und klarer Einsicht mit großer Majorität diesem wichtigen Projekt ihre Zustimmung erteilt und in hochherziger und opferwilliger Weise die Bewilligung der Baukosten beschlossen haben; Dank den Baumeistern, denen die Aufstellung des Projekts und die Leitung des Baus oblag; dank der Deputation für die Untergrundbahn für ihre Hilfe und eifrige Mitarbeit, Dank endlich allen Ingenieuren, Technikern, Werkmeistern und Handwerkern, welche an diesem Werk mitgewirkt haben. Bewegten Herzens ergreife ich daher mein Glas und weihe es allen am Werke beteiligten Mithelfern.«

Zum Schluss nahm der leitende Direktor der Hochbahn, Geheimer Baurat Wittig, das Wort, um den Vertretern der beteiligten Staatsbehörden seinen Dank auszusprechen:

»Wenn die Züge über die fertige Bahn dahinrollen, so sind alle Schwierigkeiten

Abb. 60. Ein Pendel-Triebwagen auf dem U-Bahnhof Thielplatz um 1914.

und Kämpfe, die das Zustandebringen der Bahn verursacht hat, bald vergessen. Aber es tritt dann die Frage in den Vordergrund, wie wird sich der Wunsch, den der Herr Minister von Breitenbach für die Zukunft des Werkes so freundlich ausgesprochen hat, erfüllen – und dabei drängt sich eine nüchterne materielle Frage auf, eine Frage, die vielleicht nicht ganz in eine Feststimmung passt, die aber doch von entscheidender Wichtigkeit ist, ja die Probe auf das Exempel bedeutet: Wie werden sich direkt oder indirekt die wirtschaftlichen Erfolge der Bahn gestalten und wie werden sich die für die neuen Bahnbauten angelegten 25 Millionen rentieren? Es ist vielleicht angezeigt, darüber zu sprechen, woher die bedeutenden Summen stammen, die für diese Strecken verbaut worden sind; es handelt sich hier um ein kräftiges Zusammenwirken von öffentlichem und privatem Kapital. Die Mittel für die Dahlemer Bahn sind vom Abgeordnetenhause bewilligt worden; für die Wilmers-

dorfer Bahn sind teils Kommunalmittel, nach Genehmigung von der Kommunalaufsichtsbehörde verwendet, zum erheblichen Teil aber ist es Privatkapital, das auf Grund reger, insbesondere von Herrn Kommerzienrat Haberland geführter Verhandlungen die Südwest-Terraingesellschaften aufgebracht haben. Wo aber fließt die Quelle für die Aufwendungen der Hochbahngesellschaft, für Kapitalien, die heute nicht weit von 150 Millionen entfernt sind und diese noch überschreiten werden? Sie werden aufgebracht lediglich durch das Vertrauen des Publikums zu dem Unternehmen und im Vertrauen auf die Erfahrungen der Deutschen Bank, die die notwendigen Finanzoperationen für die Hochbahngesellschaft durchführt. Aber noch ein anderes Moment tritt hinzu: Es besteht in unserem geordneten preußischen Staatswesen eben auch das Vertrauen, dass bei einem öffentlichen Unternehmen die Verwendung so bedeutender, dem Volksvermögen entnommener Mit-

tel auf gesunder Grundlage erfolgt und dass Gefahren vermieden werden, die durch widerstreitende Interessen verschiedener Art leicht entstehen können. Derartige widerstreitende Interessen haben ja sicher eine Berechtigung; denn Kampf ist Leben. Dass aber die ringenden schaffensfreudigen Kräfte sich nicht gegenseitig aufreiben, sondern vereinigt nach einer fruchtbaren Richtung hingelenkt werden, das sind die Aufgaben, bei denen, wie die Vergangenheit gezeigt hat, die staatliche Fürsorge wirksam eingreift. Je mehr sich diese Tätigkeit der allgemeinen Kenntnis entzieht, um so mehr ist es Pflicht, in einer Stunde, wie der heutigen, sie hervorzuheben.

Die Hochbahngesellschaft, wenn ich für sie zunächst reden darf, ist in 15-jähriger Tätigkeit Zeuge solchen Wirkens der Staatsbehörden gewesen. Sie untersteht den kleinbahngesetzlichen Aufsichtsbehörden, dem Königlichen Polizeipräsidium, der Königlichen Eisenbahndirektion und an oberster Stelle dem Herrn Minister der öffentlichen Arbeiten. Er kann auf das, was unter ihm auf dem kleinbahngesetzlichen Gebiete Groß-Berlins erreicht worden ist, wohl mit großer Zufriedenheit zurückblicken. Was fand er bei seinem Amtsantritt vor 7½ Jahren vor: Interessenkampf und Fehde in weitester Ausdehnung: Fehde in Berlin zwischen den Schnellbahnunternehmungen, der Großen Berliner Straßenbahn und der Stadtgemeinde Berlin und scharfe Fehde im Westen Groß-Berlins – den bekannten Schnellbahnkampf.

Der Friede zwischen der Großen Berliner Straßenbahn und der Stadt Berlin ist inzwischen geschlossen worden und auch dem Schnellbahnkampf ist der Friede gefolgt, dessen Frucht das große heute geweihte Werk ist. Kämpfe anderer Art, die in der Zwischenzeit auf-

tauchten, sind – man kann sagen – nicht an die Oberfläche gedrungen. Angesichts solcher Resultate wird man auf dem Gebiet des Kleinbahnwesens Groß-Berlins mit Recht von einer glücklichen Ära Breitenbach zu sprechen haben. Dem Herrn Minister gebührt der aufrichtige Dank aller Beteiligten.

Im weiteren haben wir zu danken dem Herrn Königlichen Polizeipräsidenten, dem Herrn Präsidenten der Königlichen Eisenbahndirektion und ihren Räten, die sich der umfangreichen und mühevollen Aufgaben bei dem Zustandebringen der Berliner Schnellbahnen Jahr um Jahr in so hingebender Weise annehmen. Ebenso darf ich zugleich im Namen der Domäne Dahlem und der Stadtgemeinde Wilmersdorf danken dem Herrn Oberpräsidenten, dem Herrn Regierungspräsidenten und ihren Räten für stets bereite Hilfe, den Herren Polizeipräsidenten von Charlottenburg und Wilmersdorf Schöneberg.«

Geheimrat Wittig schloss mit einem Hoch auf die Vertreter der Staatsbehörden, die das heute geweihte Werk so wirksam gefördert haben. Von nun an gab man sich der durch die Reden angeregten und durch Speise und Trank von auserlesener Güte aus des Weinhauses Rheingold Küche und Keller genährten echten Feststimmung hin. Schon bald nach 18.00 Uhr schlug für die höchsten Würdenträger die Abschiedsstunde, aber die Bemerkung auf dem Festprogramm, dass zur Rückfahrt von 18.00 bis 22.00 Uhr Züge der Schnellbahn zum Wittenbergplatz abgelassen würden, lockte zu längerem Verweilen, und der Liebenswürdigkeit der Hochbahngesellschaft war es zu verdanken, dass noch weit über die angesetzte Bürgerstunde hinaus zahlreiche Festgäste verweilen durften, so dass der letzte stark besetzte Zug erst gegen Mitternacht auf dem Wittenbergplatz anlangte. Hier konnte man noch die Wirkung bewundern, die reiches elektrisches Licht in Verbindung mit den Farben der Wände in der Halle hervorzauberte.

Die ganze Feier stand unter dem Zeichen der Freude über den glücklichen Abschluss eines unendlich mühevollen Werkes, für dessen Gelingen alle daran Beteiligten ihre besten Kräfte, zähe und tüchtige Arbeit eingesetzt haben, das nun aber auch in seiner Weise Vollkommenes bietet.

In der Tat ist hier ein Werk vollendet, das in mancher Beziehung in der Welt einzig dasteht. Wie schon bei der früher eröffneten Teilstrecke zum Reichskanzlerplatz und Stadion, ist hier eine städtische Schnellbahn in fast noch unbebaute Gebiete, geführt mit dem ausgesprochenen Zweck, die Besiedlung zu fördern und den Verkehr erst zu schaffen. Weder London noch Paris noch auch unseres Wissens die mit Untergrundbahnen versehenen amerikanischen Großstädte haben solchen Wagemut bei dieser sehr kostspieligen Bahngattung

bewiesen, dort folgen solche Bahnen überall erst dem vorhandenen Verkehr, hier in Groß-Berlin sollen sie ihn erst hervorrufen. Ferner ist bei der Bahnanlage Wittenbergplatz – Thielplatz das Streben, nicht nur technisch Zweckmäßiges, sondern auch architektonisch Schönes zu schaffen, noch erheblich stärker betont, als bei den bisherigen Bauten der Hochbahn. Die einzelnen als Hochbauten ausgeführten Bahnhofsgebäude tragen im Äußeren und Inneren diesem Gedanken in höchst mannigfacher Art Rechnung; ganz neu ist aber hier seine Durchführung auch bei den Untergrundbahnhöfen, unter denen der oben kurz geschilderte Bahnhof Heidelberger Platz mit seinen Gewölben wohl an erster Stelle steht.

Groß-Berlin kann stolz sein auf das Werk, von dem wir hier gesprochen. Es ist ein neues, prächtiges Zeichen von dem großzügigen Geist, der die neueren Bauten und Unternehmungen der Reichshauptstadt durchweht. Möchte das Werk die Hoffnungen in reichem Maße erfüllen, mit denen seine Schöpfer es begonnen und glücklich durchgeführt haben! • *v. Mühlenfels*

Abb. 61. Die Seeparkbrücke über den Fennsee zwischen den
Bahnhöfen Fehrbelliner Platz und Heidelberger Platz.

Abb. 62. Untergrundbahnhof Wittenbergplatz. Inneres der Halle. Architekt: Alfred Grenander.

Die Schnellbahnen vom Wittenbergplatz nach Wilmersdorf-Dahlem und zum Kurfürstendamm

ELEKTRISCHE KRAFTBETRIEB UND BAHNEN • 4.11.1913

Einleitung

Das Liniennetz der Hochbahngesellschaft erhält im Zusammenhang mit seinem weiteren Ausbau zwei vom Bahnhof Wittenbergplatz ausgehende Abzweigungen als Ausgangsstrecken für neue Anschlussbahnen, die eine nach der Uhlandstraße (Kurfürstendamm), die andere nach dem Nürnberger Platz. Die Stadtgemeinde Berlin-Wilmersdorf und die Königliche Kommission zur Aufteilung der Domäne Dahlem (Dahlem-Kommission) haben im Jahr 1908 mit der Hochbahngesellschaft Verträge abgeschlossen, wonach an den nach dem Nürnberger Platz gerichteten Zweig gleichzeitig mit den Bauausführungen der Hochbahngesellschaft eigene weitvordringende Linien angeschlossen wurden. Am 12. Oktober 1913 werden der erweiterte Bahnhof Wittenbergplatz, die Zweiglinie zum Nürnberger Platz mit den Wilmersdorf-Dahlemer Bahnen und die Zweiglinie zur Uhlandstraße dem öffentlichen Verkehr übergeben. Den Betrieb der Anschlussbahnen übernimmt die Hochbahngesellschaft im Zusammenhang mit ihrem Bahnnetz unter Ausdehnung ihres Tarifs auch auf die neuen Strecken.

Die Eigentumslängen der neuen Bahnstrecken belaufen sich wie folgt:

Linien der Hochbahngesellschaft:
Wittenbergpl. – Nürnberger Pl.
Wittenbergpl. – Uhlandstr. . . . . . 2,8 km
Wilmersdorfer Bahn:
Nürnberger Pl. – Breitenbachpl. . 4,4 km
Dahlemer Bahn:
Breitenbachpl. – Thielpl. . . . . 2,8 km
zusammen: . . . . **10,0 km**

Allgemeines

Die staatliche Genehmigung für die Strecken der Hochbahngesellschaft wurde am 29. Juli 1910, für die Wilmersdorfer Bahn am 24. Juli 1911 und für die Dahlemer Bahn am 17. Dezember 1911 erteilt.

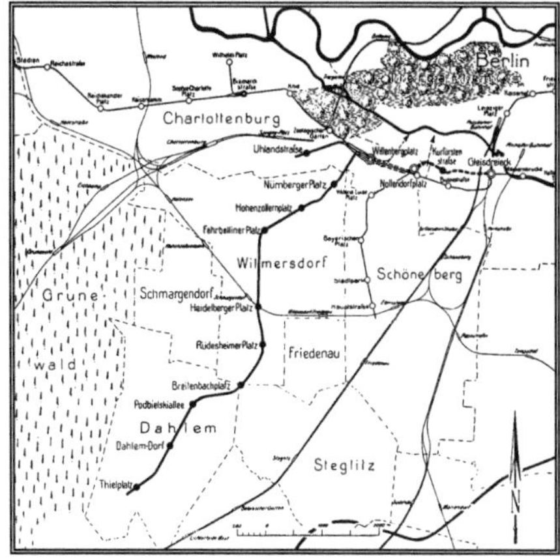

Abb. 63. Die neuen Schnellbahnen im Südwesten Groß-Berlins.

Die grundlegenden Verträge über die
neuen Bahnen, nämlich zwischen der
Stadtgemeinde Berlin-Wilmersdorf und
der Hochbahngesellschaft, zwischen der
Dahlem-Kommission und der Hochbahngesellschaft, zwischen der Dahlem-Kommission und der Stadtgemeinde Berlin-Wilmersdorf sowie zwischen
der Stadtgemeinde Charlottenburg und
der Hochbahnge-
sellschaft, wurden in
den Jahren 1908 und
1910 geschlossen.

Die Bauarbeiten
wurden auf den Stre-
cken der Hochbahn-
gesellschaft und auf
der Wilmersdorfer Bahn im Sommer
1910, auf der Dahlemer Bahn im Sommer 1911 begonnen.

Linienführung

1. Linie Wittenbergplatz –
Wilmersdorf – Dahlem

Vom Wittenbergplatz kommend, biegt
die Bahn mit Unterfahrung eines Eck-
grundstücks aus der Tauentzienstraße
in die Nürnberger Straße ein. Mit dem
Bahnhof Nürnberger Platz tritt sie auf
Wilmersdorfer Gebiet über, durchfährt
die Spichernstraße, kreuzt die Kaiserallee und schwenkt in den Hohenzollern-
damm ein, in dem die Bahnhöfe Hohenzollernplatz und Fehrbelliner Platz
liegen. Die Bahn wendet sich dann süd-
wärts in die Barstraße, in deren Zuge
sie das sumpfige Fenngelände mittels
der Seeparkbrücke überschreitet. Nach
Kreuzung der Mecklenburgischen Straße wird der Bahnhof Heidelberger Platz
erreicht. Die Bahn unterfährt hierauf
die Ringbahn, folgt der Aßmannshau-
sener Straße bis zum Bahnhof Rüdes-
heimerPlatz und der Niederwaldstraße
bis zum Bahnhof Breitenbachplatz. Hier

tritt sie auf Dahlemer Gebiet über und
geht unter der künftigen Schorlemerallee – der Verlängerung des Südwestkorso – als Untergrundbahn bis zum Bahnhof Podbielskiallee weiter. Mit diesem
beginnend, ist die Bahn durch das in
der Aufschließung begriffene Dahlemer
Gelände als Einschnittbahn geführt.
Auf der Einschnittstrecke

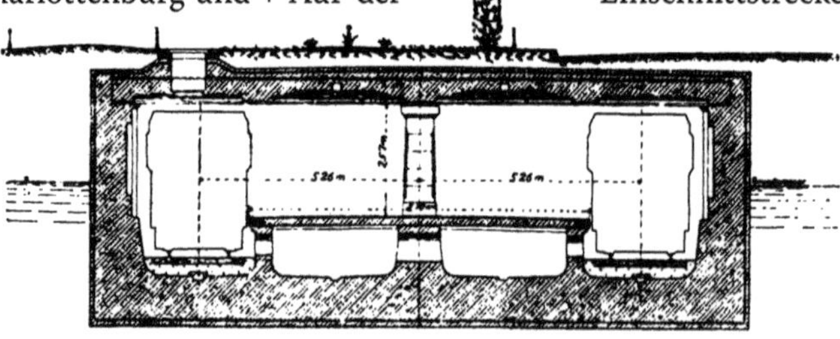

*Abb. 64. Querschnitt durch den Bahnhof
Hohenzollernplatz (im Grundwasser).*

folgen noch der an der alten Dahlemer
Dorfsiedlung gelegene Bahnhof Dahlem-
Dorf und der Endbahnhof Thielplatz. In
den Entwürfen ist darauf Rücksicht genommen, dass der Bahneinschnitt bei
später eintretendem Bedürfnis durch
Einbau einer Decke in eine Untergrundbahn umgewandelt werden kann.

Die gesamte Streckenlänge Wittenbergplatz – Thielplatz beträgt 8,5 km.

2. Linie Wittenbergplatz –
Kurfürstendamm

Die Linie verläuft in der Tauentzienstraße zu beiden Seiten der Stammbahn,
unterfährt diese mit dem einen Gleis an
der Kaiser-Wilhelm-Gedächtnis-Kirche
und biegt in den Kurfürstendamm ein,
dem sie bis zum vorläufigen Endpunkt,
dem Bahnhof Uhlandstraße, folgt. Die
Streckenlänge beträgt 1,5 km.

Bahnhöfe.

Der alte Durchgangsbahnhof Wittenbergplatz mit seinen beiden Seitenbahn-

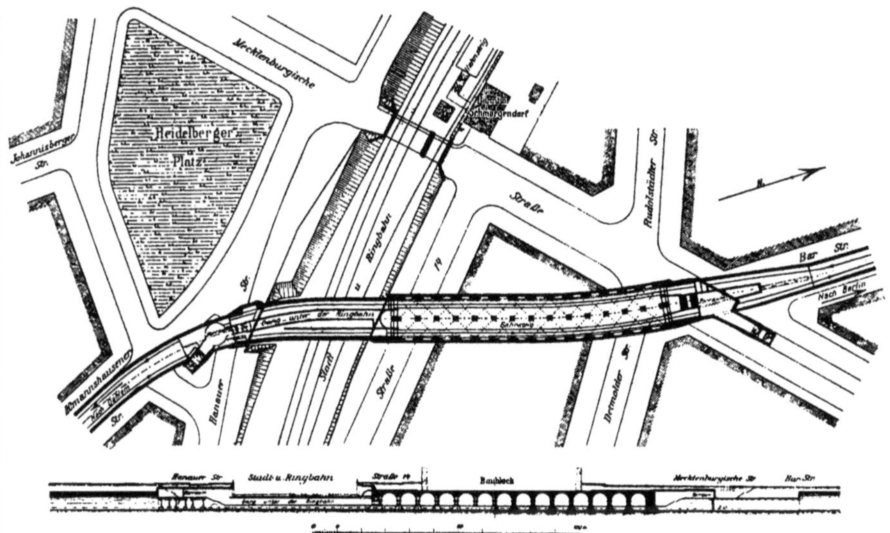

Abb. 65. Bahnhof Heidelberger Platz.

steigen musste unter Aufrechterhaltung des Betriebes zu einem Abzweigungsbahnhof umgebaut und erweitert werden, der beim vollständigen Ausbau 6 Gleise und 4 Bahnsteige, nämlich zwei Mittelbahnsteige und zwei Seitenbahnsteige, erhalten wird. In der jetzt bevorstehenden Betriebsperiode werden nur die beiden Mittelbahnsteige in Benutzung genommen. Am südlichen Mittelbahnsteig werden die Züge nach Berlin, am nördlichen die Züge nach Charlottenburg-Westend, Wilmersdorf-Dahlem und Charlottenburg-Kurfürstendamm abfahren. Am nördlichen Mittelbahnsteig laufen einstweilen auch die vom Kurfürstendamm kommenden Züge ein.

Der Zugang zu den Bahnsteigen und das Umsteigen von Bahnsteig zu Bahnsteig vollziehen sich in einer gedeckten Halle, die über den unterirdischen Bahnhofsanlagen errichtet ist. Die Halle liegt mit ihrer Längenachse quer zur Platzanlage; sie ist in dieser Richtung auf das geringste zulässige Maß eingeschränkt, das sich nach dem Abstand der äußeren Treppenläufe bestimmt. Die Außengleise mit den dazugehörigen Bahnsteighälften befinden sich bereits außerhalb des Gebäudes unter dem freien Platz. Zu beiden Seiten der Halle – nach der Tauentzienstraße und der Kleiststraße gerichtet – sind Eingangsräume angegliedert, in denen breite Treppen zu dem etwa 1,5 m unter der Straßenhöhe liegenden Hallenfußboden hinabführen; bis zu den Bahnsteigen ist dann nur noch eine Höhe von 2,9 m zu überwinden. Die Hallenmitte wird von einem Aufbau mit hohem Seitenlicht

Abb. 66. Bahnhof Podbielskiallee.

gekrönt. Der ganze Bau ist in Eisenfachwerk errichtet und außen mit Muschelkalk, innen mit Majoliken *(Abb. 62)* verkleidet.

Die übrigen Bahnhöfe der neuen Linien sind einfache Durchgangsbahnhöfe mit 110 m langen Mittelbahnsteigen, deren Länge für Züge von 8 Wagen ausreicht. Die Bahnhöfe Nürnberger Platz, Fehrbelliner Platz, Breitenbachplatz und Uhlandstraße haben doppelseitige Kehrgleisanlagen, um die Umkehr von Stammbahnzügen und den Anschluss von Pendelzügen zu ermöglichen.

Sohle etwa 9 m unter Geländehöhe gelegt werden; bei dieser Tiefenlage wurde der Bahnhof Heidelberger Platz als hoher gewölbter Raum ausgebildet. Das doppelte Kreuzgewölbe der Bahnhofsdecke ruht auf einer Reihe gedrungener Granitsäulen. Der unter der Ringbahn hindurchführende Gang zum südlichen Bahnhofsvorraum ist so eingerichtet, dass sich späterhin für den Umsteigeverkehr zwischen Untergrundbahn und Ringbahn ein bequemer Übergang schaffen lässt. Der Bahnhof Rüdesheimer Platz weist viereckige Granitpfeiler

Abb. 67. Bahnhof Thielplatz.

Die beiden Bahnhöfe Uhlandstraße und Nürnberger Platz sind in der selben Weise ausgebaut wie alle neueren Untergrundbahnhöfe der Hochbahngesellschaft; ihre Kennfarben sind blau und gelb.

Die Bahnhöfe der Wilmersdorfer Bahn sind besonders charakteristisch ausgebaut. Der Bahnhof Hohenzollernplatz besitzt kassettierte Decken, getragen von viereckigen Granitsäulen. Bei dem Bahnhof Fehrbelliner Platz sind die Stützen als achteckige, mit Majoliken verkleidete Pfeiler ausgebildet. Auf dem Heidelberger Platz musste die Bahn wegen der unmittelbar benachbarten Unterfahrung der Ringbahn mit ihrer

mit farbigem Schmuck auf, während im Bahnhof Breitenbachplatz die kassettierte Decke von kannelierten dorischen Säulen getragen wird.

Sämtliche Eingänge der Wilmersdorfer Bahn sind mit Brüstungen und Pylonen aus Muschelkalk, Granit oder Sandstein ausgestattet, die Wandungen der Treppenschächte mit polierten Granitplatten verkleidet.

Die Ausbildung der Dahlemer Bahnhöfe ergab sich aus ihrer Lage im offenen Einschnitt. In Straßenhöhe liegen die Bahnhofsgebäude mit den Schalter- und Diensträumen. Von der Schalterhal-

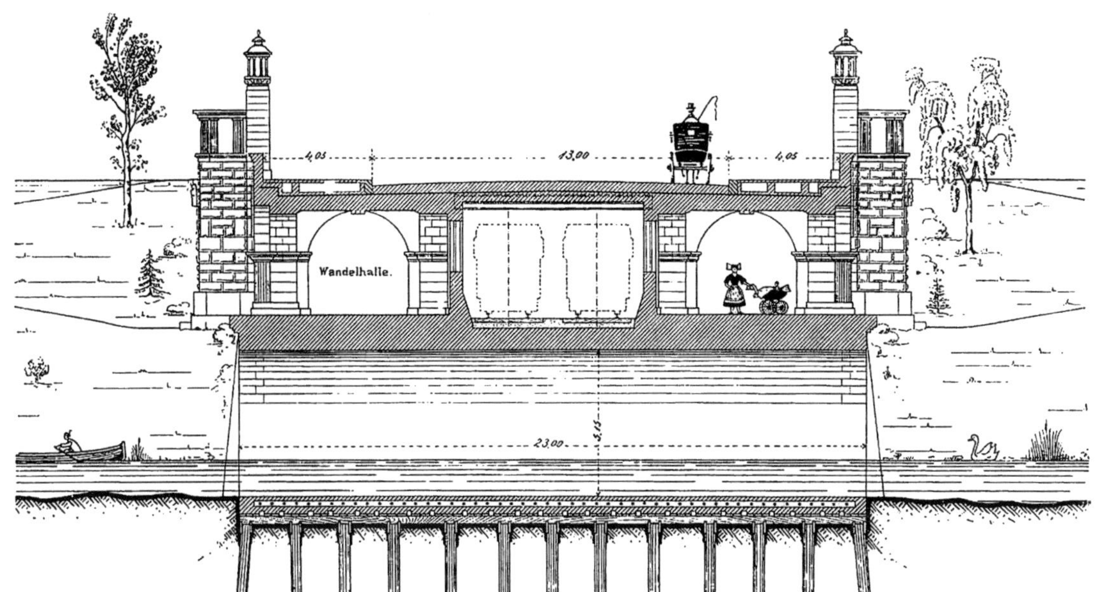

Abb. 68. Seeparkbrücke. Querschnitt.

le führen Treppen zu den Bahnsteigen hinab, die zum Teil überdacht sind. Der erste der drei Bahnhöfe, Podbielskiallee, bildet den architektonischen Abschluss des großen Straßenzuges des Südwestkorso und der Schorlemerallee. Der Architekt hat daher dem Gebäude den Charakter eines märkischen Torhauses gegeben, aus dessen hohem Portal der ankommende Fahrgast einen umfassenden Blick auf die Umgebung gewinnt. Das Gebäude des Bahnhofs Dahlem-Dorf lehnt sich mit seinem Fachwerk und Rohrdach dem bäuerlichen Charakter der alten Dorfsiedelung an. In der Ausbildung des Vorraums mit seiner farbigen Auskleidung ist die Stimmung einer ländlichen Diele festgehalten. Der Bahnhof Thielplatz zeigt eine eigenartige Grundrissanordnung; der Eingang mit seiner großen Bogenöffnung wird von schräg vorgezogenen Flügelbauten eingerahmt. Der Giebel über dem Eingang ist durch eine große Uhr mit freigeschmiedetem Zifferblatt belebt. Die Innenwände mit ihren für den Bahndienst bestimmten Einrichtungen sind in Majolikaarchitektur durchgebildet.

Sonstige bemerkenswerte Bauten

Bei den Abzweigungen der Wilmersdorfer Bahn und der Kurfürstendammbahn

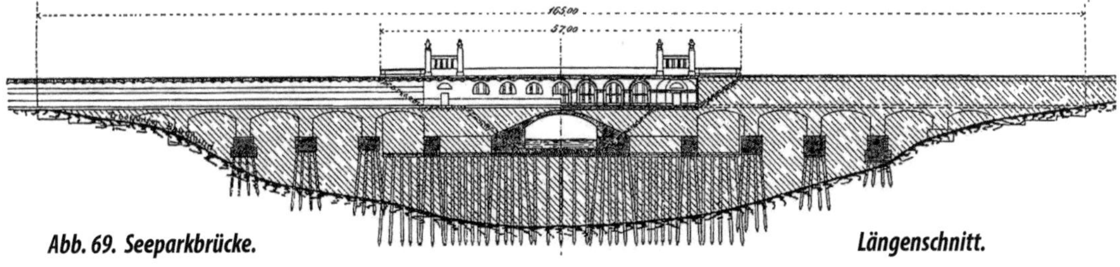

Abb. 69. Seeparkbrücke. **Längenschnitt.**

von der Stammstrecke mussten die vom Wittenbergplatz kommenden Gleise in Tieftunneln unter der Stammbahn ohne Störung des Betriebs hindurchgeführt werden. Die schwierigen Arbeiten, bei denen das Grundwasser bis auf 10 m Tiefe abgesenkt werden musste, und die namentlich bei der Abzweigung zum Kurfürstendamm an der Kaiser-Wilhelm-Gedächtniskirche größte Vorsicht erforderten, wurden ohne jegliche Störung vollendet. Bei der Abzweigung zur Nürnberger Straße musste das von der Bahn zu unterfahrende Eckhaus abgebrochen werden. An seiner Stelle ist über dem Bahntunnel der ›Tauentzienpalast‹ errichtet worden.

An der Kreuzung mit der Kaiserallee ist die Bahn, um kostspielige Hausniederlegungen zu vermeiden, in scharfer Kurve geführt. Der ungünstige Baugrund an dieser Stelle, der zum großen Teil aus Infusorienerde besteht, machte umfangreiche Sicherungsarbeiten erforderlich.

Die Durchquerung des Wilmersdorfer Fenngeländes, das der Rest eines alten, noch durch den Wilmersdorfer

Abb. 70. Bahnhof Fehrbelliner Platz. Gleisplan.

See und die Grunewaldseen gekennzeichneten Flussarmes ist, bereitete besondere Schwierigkeiten. Der tragfähige Baugrund wurde hier erst in etwa 20 m Tiefe unter Straßenoberfläche erreicht. Die Seeparkbrücke, unter deren Straßendecke die Schnellbahn eingebaut ist, ruht auf 1200 Pfählen. Zu beiden Seiten der Bahn sind im Brückenkörper Wandelhallen angeordnet, die in die umgebenden Stadtparkanlagen einbezogen werden. Die Brücke ist mit rheinischer Basaltlava und schlesischem Granit verkleidet. Sie bildet im Westen der 3 km langen Wilmersdorf-Schöneberger Stadtparkanlagen ein wirkungsvolles Gegenstück zu dem Architekturwerk der Schöneberger Untergrundbahn im östlichen Teile des Parks.

Die Unterfahrung der im Einschnitt liegenden Ringbahn beim Bahnhof Schmargendorf ist unter zeitweiliger

Verschwenkung der Gleise bei Aufrechterhaltung des lebhaften Ringbahnbetriebes durchgeführt worden.

Betriebseinrichtungen

Die Teilstrecken vom Wittenbergplatz nach Uhlandstraße und nach Nürnberger Platz werden von den Kraftwerken der Hochbahngesellschaft, die Wilmersdorfer und die Dahlemer Bahnen vom Elektrizitätswerk Südwest mit Strom versorgt.

Die neuen Strecken sind in gleicher Weise wie die im Juli 1913 eröffnete Erweiterungslinie der Hochbahngesellschaft Spittelmarkt – Alexanderplatz – Nordring mit dem selbsttätigen Signalsystem ausgerüstet.

Betriebsweise

Der Betrieb wird auf den neuen Linien in der Weise erfolgen, dass die Züge der Stammstrecke abwechselnd nach Charlottenburg bis Wilhelmplatz und nach Wilmersdorf bis Fehrbelliner Platz durchgeführt werden. Die Zugfolge auf der Stammstrecke bis Wittenbergplatz wird auf diese Weise in der Hauptverkehrszeit auf 2½ Minuten, nach Bedarf auf 2 Minuten verdichtet.

Auf der Strecke Fehrbelliner Platz – Breitenbachplatz – Thielplatz wird vorerst ein Pendelverkehr mit kurzen Zügen eingerichtet. Für später ist in Aussicht genommen, die Stammbahnzüge bis zum Bahnhof Breitenbachplatz durchzuführen. An Sonn- und Feiertagen sollen für den Ausflugsverkehr einzelne Züge der Stammbahn nach Bedarf bis Thielplatz durchgehen.

Der erste Frühzug wird den Bahnhof Fehrbelliner Platz nach Berlin zu etwa morgens um 5.15 Uhr verlassen, der letzte Spätzug wird gegen 1.30 Uhr nachts dort ankommen. Der Pendelverkehr der Dahlemer Bahn beginnt etwa um 6.00 Uhr morgens und endigt gegen 1.00 Uhr nachts.

Auf der Seitenlinie zum Kurfürstendamm wird, solange die Ergänzungslinie Gleisdreieck – Kurfürstenstraße – Wittenbergplatz noch im Bau ist, ein Betrieb mit Pendelzügen eingerichtet. Nach Fer-

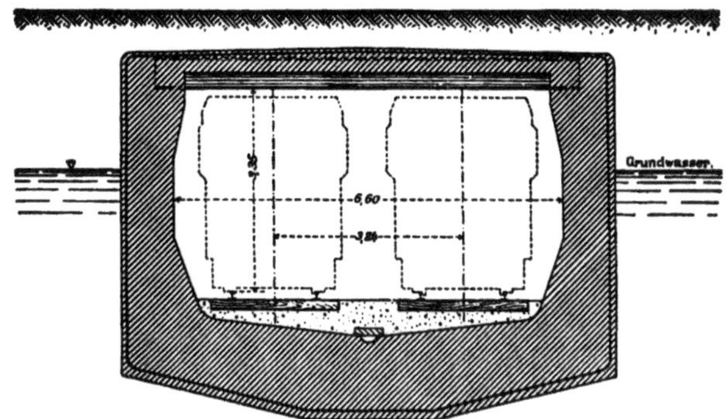

Abb. 71. Tunnelquerschnitt im Grundwasser.

tigstellung der Ergänzungslinie werden die Züge der Kurfürstendammbahn auf der Ostlinie nach Warschauer Brücke weitergeführt.

Die Fahrtdauer zwischen Wittenbergplatz und Fehrbelliner Platz wird 6 Minuten, zwischen Fehrbelliner Platz und Thielplatz 12 Minuten, zwischen Wittenbergplatz und Uhlandstraße 2½ Minuten betragen. Weiteres über Fahrzeiten und Fahrpreise ergeben die nachfolgenden Tabellen.

Mit Eröffnung der neuen Linien von zusammen 10 km Länge wird das Betriebsnetz der Hochbahngesellschaft auf insgesamt 37,5 km Streckenlänge erweitert. Die größten Entfernungen innerhalb des Gesamtnetzes betragen in nordsüdlicher Richtung (Nordring – Thielplatz) 18,5 km mit 25 Bahnhöfen und in ostwestlicher Richtung (Warschauer Brücke – Stadion) 15 km mit 19 Bahnhöfen.

Entwurf und Bauausführung

Die Aufstellung der Entwürfe und die Leitung der Bauausführungen ist durch die drei Bahneigentümer erfolgt.

Für die Strecken der Hochbahngesellschaft lagen Entwurf und Bauleitung in den Händen des Direktor Bousset; die Architekturen stammen vom Professor Grenander. Die Wilmersdorfer Bahn ist vom Stadtbaurat Müller entworfen und durchgeführt; die architektonische Bearbeitung erfolgte durch städtische Baubeamte, vornehmlich durch den Architekten Leitgebel.

Mit Aufstellung der Entwürfe und mit der Bauleitung für die Dahlemer Bahn war Baurat Bandekow betraut, dem Beamte der Dahlem-Kommission zur Seite standen. Die Architektur des Bahnhofs Podbielskiallee war dem Architekten Schweitzer, des Bahnhofs Dahlem-Dorf den Architekten Gebr. Hennings und des Bahnhofs Thielplatz dem Architekten Straumer übertragen.

Die Ausführung des Bahnkörpers auf den Strecken der Hochbahngesellschaft und der Wilmersdorfer Bahn (Tunnel) erfolgte teils durch die Siemens & Halske AG, teils durch die Untergrundbaugesellschaft in Berlin, auf der Dahlemer Bahn (Tunnel und Einschnitte) durch die Habermann & Guckes AG in Kiel. ❐

Fahrtdauer zwischen den neuen Bahnhöfen und anderen Bahnhöfen der Hoch- und Untergrundbahn

Neue Bahnhöfe	Fahrtdauer in Minuten bis zum Bahnhof								
	Wittenbergplatz	Leipziger Platz	Spittelmarkt	Alexanderplatz	Nordring	Hallesches Tor	Warsch. Brücke	Zoolog. Garten	Reichskanzlerpl.
Nürnberger Platz	2	10½	16½	21	28½	11	21	4½	14½
Hohenzollernplatz	4	12½	18½	23	30½	13	23	6½	16½
Fehrbelliner Platz	6	14½	20½	25	32½	15	25	8½	18½
Heidelberger Platz	8½	17	23	27½	35	17½	27½	11	21
Rüdesheimer Platz	10	18½	24½	29	36½	19	29½	12½	22½
Breitenbachplatz	12	20½	26½	31	38½	21	31	14½	24½
Podbielskiallee	14½	23	29	33½	41	23½	33½	17	27
Dahlem-Dorf	16½	25	31	35½	43	25½	35½	19	29
Thielplatz	18	26½	32½	37	44½	27	37	20½	30½
Uhlandstraße (Kurfürstendamm)	2½	11	17	21½	29	11½	21½	5	15

Bemerkung: Wenn auf den Bahnhöfen Fehrbelliner Platz, Wittenbergplatz und Gleisdreieck umzusteigen ist, sind je 1 – 2 Minuten hinzuzurechnen.

Übersicht über die von den neuen Bahnhöfen ab geltenden Fahrpreise.

Neue Bahnhöfe	Die Fahrpreise betragen bis zum Bahnhof:			
Nürnberger Platz	Leipziger Platz Möckernbrücke Wilhelmplatz Breitenbachplatz	Hausvogteiplatz Stadion Kottbusser Tor Thielplatz	Alexanderplatz Warschauer Brücke	Nordring
Hohenzollernplatz	Gleisdreieck Bismarckstraße Podbielskiallee	Friedrichstraße Prinzenstraße Reichskanzlerplatz	Klosterstraße Warschauer Brücke	Nordring
Fehrbelliner Platz	Bülowstraße Knie Dahlem-Dorf	Kaiserhof Hallesches Tor Kaiserdamm Hauptstraße	Inselbrücke Schlesisches Tor	Danziger Straße
Heidelberger Platz	Nollendorfplatz Zoolog. Garten Uhlandstraße Thielplatz	Leipziger Platz Möckernbrücke Wilhelmplatz	Spittelmarkt Oranienstraße	Senefelderplatz
Rüdesheimer Platz	Wittenbergplatz	Gleisdreieck Bismarckstraße Bayerischer Platz	Hausvogteiplatz Kottbusser Tor	Schönhauser Tor
Breitenbachplatz	Nürnberger Platz	Bülowstraße Knie Viktoria-Luise-Platz	Friedrichstraße Prinzenstraße Reichskanzlerplatz	Alexanderplatz
Podbielskiallee	Hohenzollernplatz	Nollendorfplatz Zoolog. Garten Uhlandstraße	Kaiserhof Hallesches Tor Kaiserdamm Hauptstraße	Klosterstraße Warschauer Brücke
Dahlem-Dorf	Fehrbelliner Platz	Wittenbergplatz	Leipziger Platz Möckernbrücke Wilhelmplatz	Inselbrücke Schlesisches Tor
Thielplatz	Heidelberger Platz	Nürnbergerplatz	Leipziger Platz Bismarckstraße Bayerischer Platz	Spittelmarkt Oranienstraße
Uhlandstraße (Kurfürstendamm)	Leipziger Platz Möckernbrücke Wilhelmplatz Heidelberger Platz Stadtpark	Hausvogteiplatz Kottbusser Tor Podbielskiallee	Alexanderplatz Warschauer Brücke	Nordring
3. Wagenklasse	**10 Pf.**	**15 (10) Pf.**	**20 (15) Pf.**	**25 (20) Pf.**
2. Wagenklasse	**15 Pf.**	**20 (15) Pf.**	**30 (20) Pf.**	**35 (25) Pf.**

Die Fahrpreise für längere Fahrten betragen in 3. Klasse 30 (25) Pf., in 2. Klasse 40 (30) Pf.
Die eingeklammerten Fahrpreise ( ) gelten für den Frühverkehr.

Abb. 72. Blick in die Halle des Untergrundbahnhof Wittenbergplatz 1913. Architekt: Alfred Grenander.

Abb. 73. Eröffnung des Bahnhof Stadion am 8. Juni 1913.

Johannes Bousset

Die Erweiterungen im Westen Berlins

ZENTRALBLATT DER BAUVERWALTUNG • 1914

Seit ihrem Bestehen hat die Berliner elektrische Hoch-und Untergrundbahn in keinem Jahr einen Zuwachs ihrer Betriebslänge erfahren, der demjenigen gleichkommt, welcher ihr in dem verflossenen Jahr 1913 angegliedert wurde. Der Längenzuwachs übertraf die Streckenlänge, auf der die Hochbahngesellschaft im Jahr 1902 ihren Betrieb begann.

Diese betrug rund 11 km, der Zuwachs im Jahr 1913 rund 14,25 km. An diesem Zuwachs ist die Erweiterung in die Innenstadt vom Spittelmarkt bis zum Nordring, welche im Juli in Betrieb genommen wurde, mit rund 5 km und die vom Bahnhof Wittenbergplatz ausgehenden beiden Zweiglinien, die eine durch die Gemeindebezirke Wilmersdorf und Dahlem, die andere nach dem Kurfürstendamm mit zusammen rd. 9,25 km beteiligt.

Von den vor dem Jahre 1913 in Betrieb gewesenen Strecken der Hoch- und Untergrundbahn hat die Hochbahngesellschaft alle bis auf die Schöneberger Bahn zwischen Nollendorfplatz und Hauptstraße in Schöneberg auf eigene Rechnung gebaut. Von dem neuen Bahnzweig nach Wilmersdorf-Dahlem wurde nur die Strecke bis zur Kaiser-Allee mit dem Bahnhof Nürnberger Platz von der Hochbahngesellschaft ausgeführt. Die ihr Stadtgebiet durchquerende Bahnstrecke vom Bahnhof Hohenzollern-

platz bis Bahnhof Breitenbachplatz hat die Stadtgemeinde Berlin-Wilmersdorf gebaut. Sie erhielt für diesen Bau eine Beisteuer von rund 4,5 Mill. Mark, welche von der Königlichen Domäne Dahlem und von den interessierten Terraingesellschaften aufgebracht wurde. Die Königliche Domäne Dahlem führte ihrerseits die auf ihrem Gebiet liegende Bahn vom Breitenbachplatz bis zum Thielplatz selbst aus. Wilmersdorf und Dahlem haben mit der Hochbahngesellschaft Verträge abgeschlossen, nach welchen diese verpflichtet ist, den Betrieb der beiden Bahnabschnitte im Zusammenhang mit dem Betrieb ihrer eigenen Strecken zu führen. Den Bahnzweig nach dem Kurfürstendamm endlich baute die Hochbahngesellschaft mit einem Zuschuss der Stadtgemeinde Charlottenburg von 2,6 Mill. Mark auf eigene Rechnung *(Abb. 63 u. 74).*

Für die Stammrichtung nach dem Zoologischen Garten und für die neue Richtung nach Wilmersdorf-Dahlem ist Bahnhof Wittenbergplatz der Trennungsbahnhof, auf welchem sich die aus der Innenstadt kommenden Züge nach diesen beiden Richtungen hin verzweigen. Für die Linie nach dem Kurfürstendamm aber ist der Betriebsplan des Bahnhofs Wittenbergplatz, nach welchem zwischen diesem Bahnhof und dem Bahnhof Uhlandstraße zunächst nur Pendelzüge verkehren, wie solche

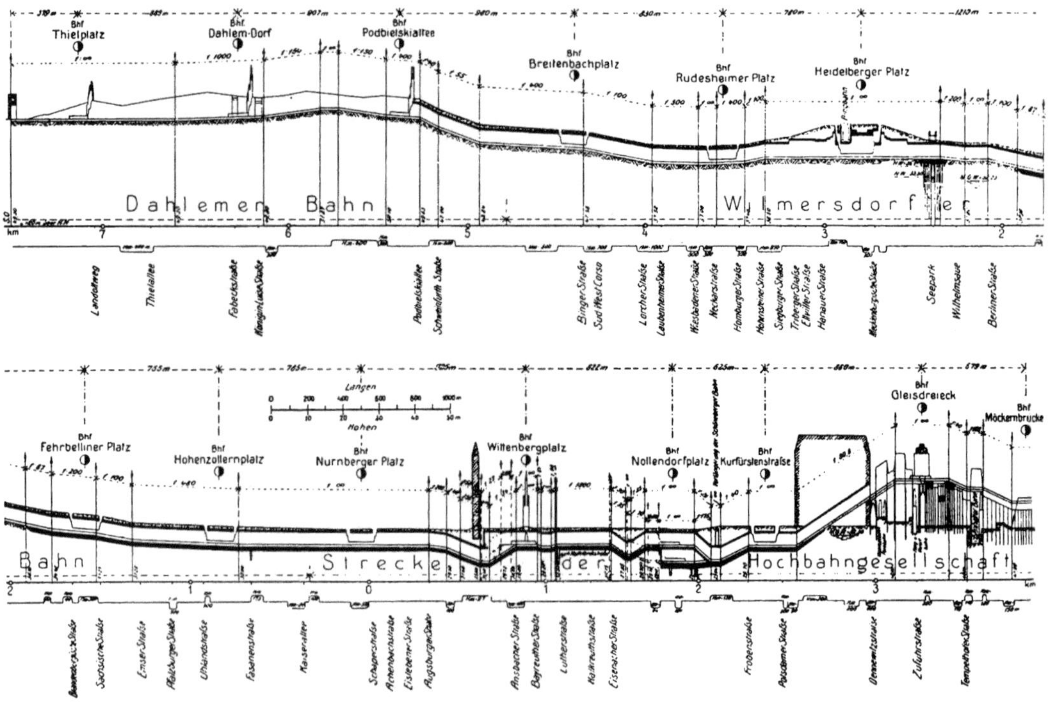

*Abb. 74. Höhenplan der Bahnstrecke
Gleisdreieck – Wittenbergplatz – Wilmersdorf – Dahlem
und Wittenbergplatz – Uhlandstraße.*

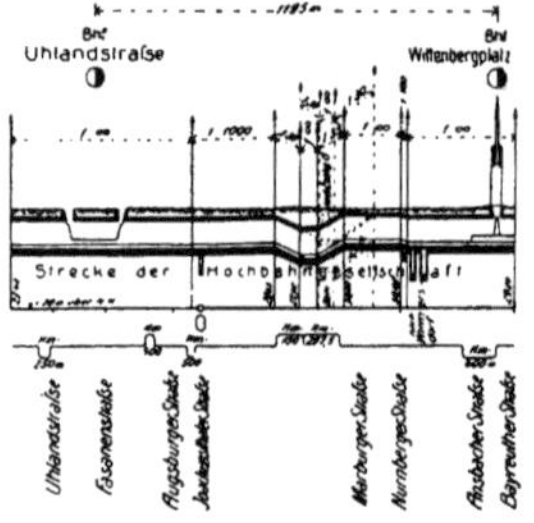

bereits auf der Schöneberger Bahn zwischen den Bahnhöfen Hauptstraße und Nollendorfplatz verkehren, noch nicht endgültig *(Abb. 75 a)*.

Erst wenn die Ostlinie über den fertiggestellten Kreuzungsbahnhof an der Stelle des früheren Gleisdreiecks hinaus nach dem Nollendorfplatz und weiter nach dem Wittenbergplatz verlängert sein wird, kann der geplante vollkommenere Betriebsplan zur Ausführung gebracht werden, nach welchem vom Kurfürstendamm und von Schöneberg durchgehende Züge über Bahnhof Gleisdreieck nach der Warschauer Brücke verkehren sollen, ähnlich wie schon jetzt vom Zoologischen Garten und von Wilmersdorf durchgehende Züge über

Bahnhof Gleisdreieck durch die Innenstadt bis zum Nordring verkehren. Der Trennungsbahnhof für die ersten beiden Zweige wird dann der künftige zweigeschossige Untergrundbahnhof Nollendorfplatz sein, der Trennungsbahnhof Wittenbergplatz aber wird mit Bezug auf die Linie Kurfürstendamm – Gleisdreieck – Warschauer Brücke gleichzeitig zum Kreuzungsbahnhof mit Richtungsbetrieb *(Abb. 75 b)*.

Die bauliche Anlage dieser beiden Bahnhöfe, des Trennungsbahnhofs Nollendorfplatz und des Trennungs-

und Kreuzungsbahnhofs Wittenbergplatz, ist nun derart, dass später bei steigendem Verkehrsbedürfnis sowohl der Schöneberger Zweig als der Zweig nach dem Kurfürstendamm selbstständig in besondere Gebiete des Stadtinneren fortgeführt werden können. Es wird dann der Trennungsbahnhof Nollendorfplatz in einen Kreuzungsbahnhof mit Richtungsbetrieb umgewandelt sein und der Bahnhof Wittenbergplatz in einen Kreuzungsbahnhof dreier Bahnen, deren Gleise sämtlich richtungsweise getrennt sind *(Abb. 75 c).*

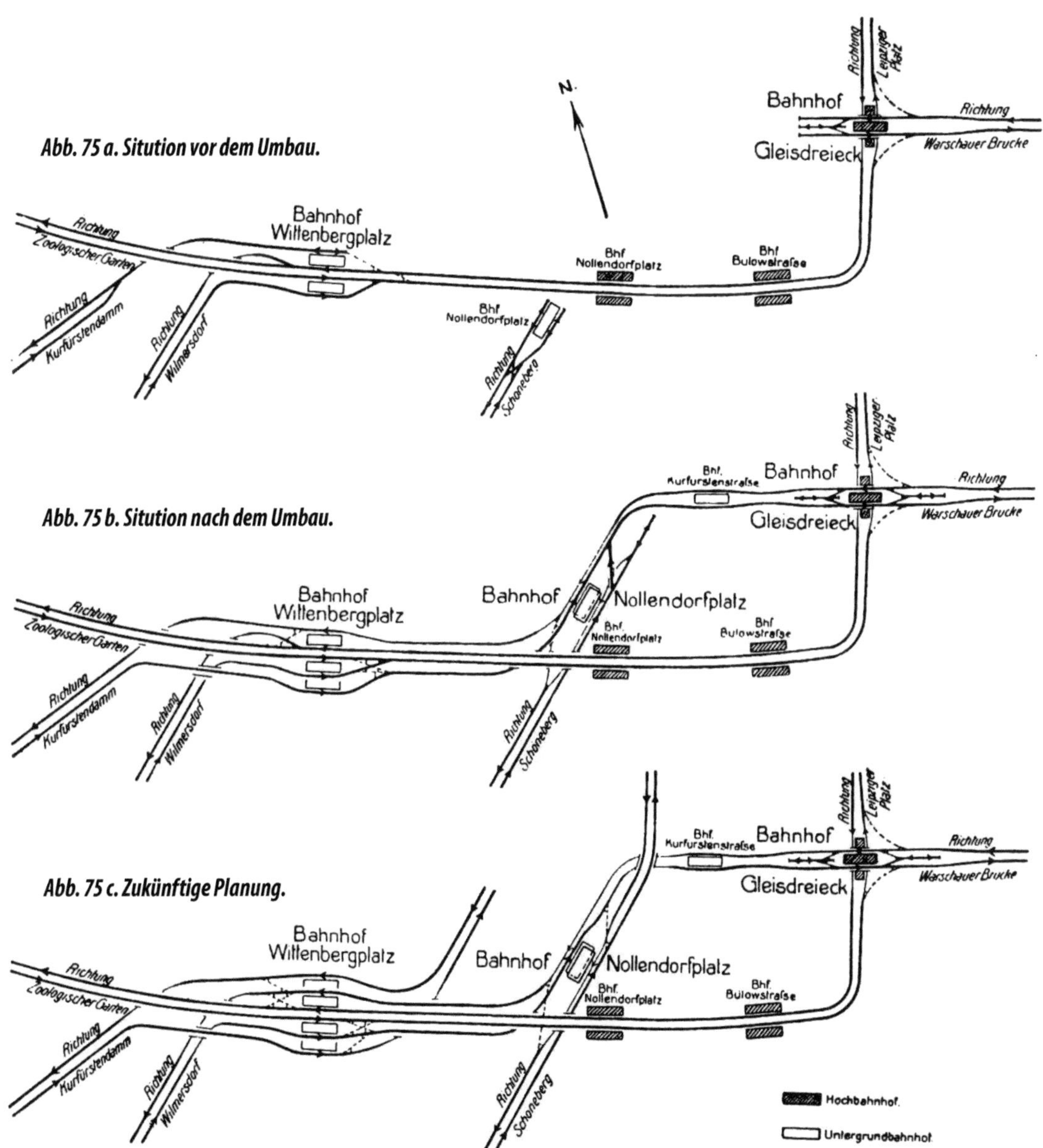

Abb. 75 a. Situation vor dem Umbau.

Abb. 75 b. Situation nach dem Umbau.

Abb. 75 c. Zukünftige Planung.

Abb. 76. Gleisdreieck vor dem Umbau.

Vor der Betriebseröffnung der Bahnstrecke vom Leipziger Platz nach dem Spittelmarkt war die Hoch-und Untergrundbahn im Wesentlichen ein Schnellverkehrsmittel zwischen Charlottenburg und dem Westen Berlins einerseits und dem Süden und Osten Berlins anderseits.

Dies änderte sich bereits mit Anschluss des Spittelmarkts. Der West-Stadt-Verkehr betrug vor Eröffnung der Spittelmarktlinie 8,2 Millionen Perso-nen im Jahr; nach Eröffnung der Spittelmarktlinie betrug er 17,9 Millionen und stieg im Jahr 1912 auf 20,8 Millionen Personen im Jahr. Der West-Ost-Verkehr hingegen änderte sich in dem Zeitabschnitt von 1907 bis 1912 verhältnismäßig wenig; er betrug im Jahr 1907 etwa 14 Millionen und im Jahr 1912 nahezu 15 Millionen Personen im Jahr. Um für diese Verkehrsverschiebung, die sich mit dem Vorstrecken der Innenstadtlinie über den Spittelmarkt hinaus nach dem Nordring und mit Inbetriebnahme der westlichen Erweiterungslinien noch wesentlich verstärken musste, rechtzeitig gewappnet zu sein, sah sich die Hochbahngesellschaft veranlasst, noch vor der Betriebseröffnung der Innenstadtlinie Spittelmarkt – Nordring die Verzweigung auf dem Gleisdreieck aufzugeben und an ihrer Stelle den Doppelbahnhof Gleisdreieck zu erbauen, auf dem z. Z. die Ostlinie endet und der nach Fertigstellung der neuen Gleise zwischen Gleisdreieck und Wittenbergplatz ein Kreuzungsbahnhof, man kann sagen, einfachster Form sein wird für

Abb. 78. Oberer Bahnsteig des Bhf. Gleisdreieck.

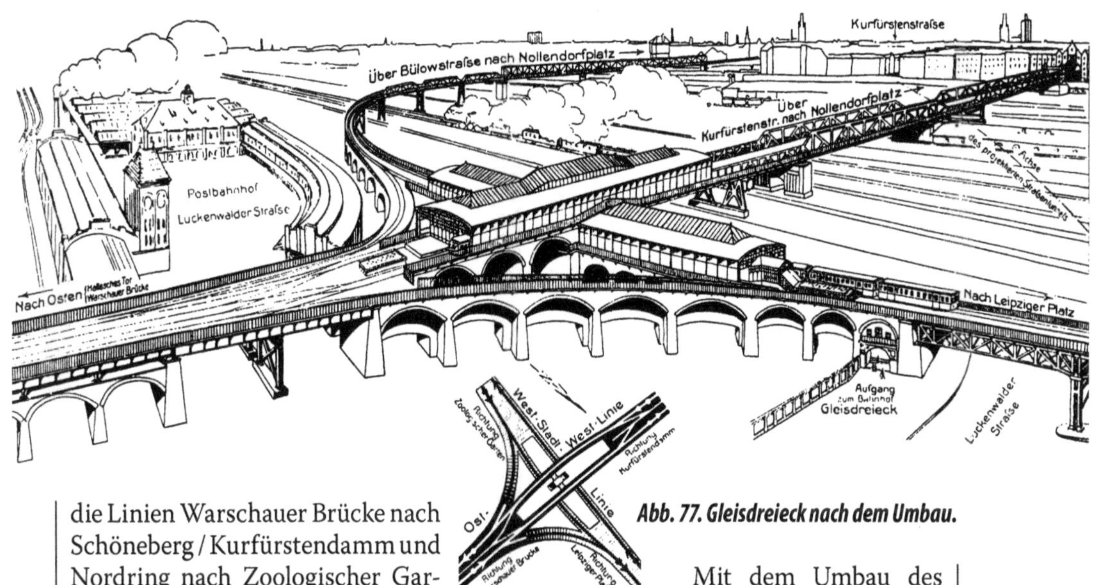

Abb. 77. Gleisdreieck nach dem Umbau.

die Linien Warschauer Brücke nach Schöneberg / Kurfürstendamm und Nordring nach Zoologischer Garten / Wilmersdorf-Dahlem.

Zur Einfachheit seiner jetzt fertigen Gestalt stand allerdings die überaus verwickelte Entstehung dieses Bahnhofs im schärfsten Gegensatz; musste doch der Einbau der beiden kreuzförmig übereinanderliegenden Inselbahnsteige mit ihren Hallen und ihren Verbindungstreppen *(Abb. 78, 79 u. 81)* in das verwickelte ehemalige Verzweigungsbauwerk, wie auch die Höhenveränderung der Gleise vorgenommen werden, ohne dass der Bahnbetrieb wesentliche Unterbrechungen erfahren durfte.

Mit dem Umbau des Gleisdreiecks wurde im Mai des Jahres 1912 begonnen, und es gelang, die neuen Bahnhofsanlagen bereits November desselben Jahres in Betrieb zu nehmen, zunächst allerdings, wie es der durch den Betrieb überall eingeengte Bauplan verlangte, in aushilfsweiser Form. Im August 1913 wurde alsdann die Bahnhofsanlage endgültig fertiggestellt.

Abb. 76 zeigt das Bauwerk in seiner früheren, *Abb. 77* in seiner jetzigen Gestalt; der Grundriss *(Abb. 80)* mit den Schnitten *(Abb. 82)* geben ein Bild über

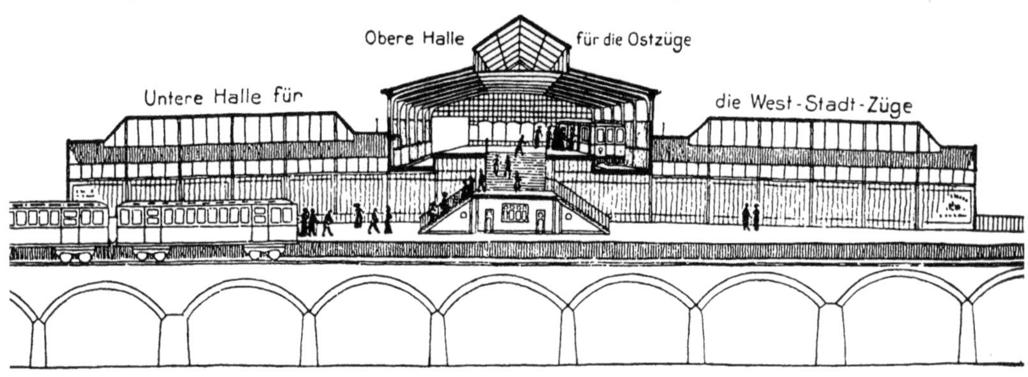

Abb. 79. Schnitt durch die beiden Hallen des Bahnhofs Gleisdreieck.

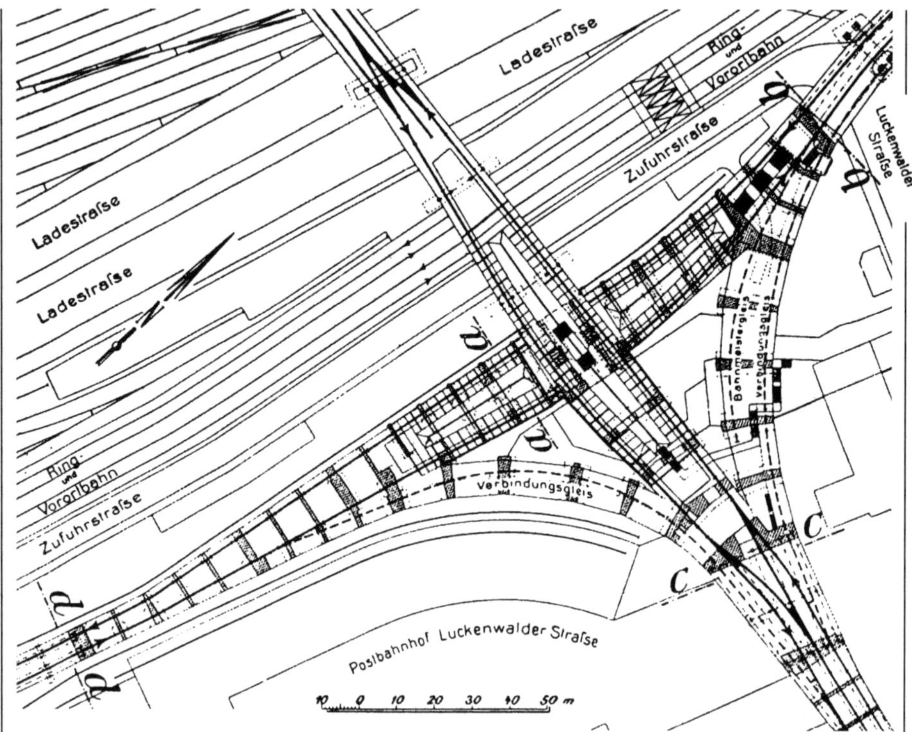

Abb. 80. Lageplan vom Gleisdreieck.

die Höhenverschiebung der in das Dreieck einmündenden Gleise.

Wie die *Abb. 77* zeigt, werden die breiten Gleisanlagen des Potsdamer Außenbahnhofs nunmehr von der Hochbahn auf zwei Wegen mit weit gespannten Brücken überschritten. Wenn in gewiss nicht langer Zeit der städtischerseits geplante Straßentunnel, dessen Achse auf diesem Bild angedeutet ist, die Kurfürstenstraße mit der Schöneberger Straße verbunden haben wird, wird der Verkehr sich auf drei in ihrer Ausführung ebenso kostspieligen wie langwierigen Wegen die Verbindung zwischen Westen und Osten wiederhergestellt haben, die ihm zugunsten der damals noch privaten Eisenbahnanlagen der Potsdamer Bahn zu einer Zeit, als freilich diese Verbindung noch von geringer Bedeutung war, unterbunden wurde. Die Verbindung Lützowstraße – Luckenwalder Straße wurde im Jahr 1861, diejenige Kurfürstenstraße – Teltower Straße im Jahr 1868 aufgehoben, und noch heute

Abb. 81. Unterer Bahnsteig des Bhf. Gleisdreieck.

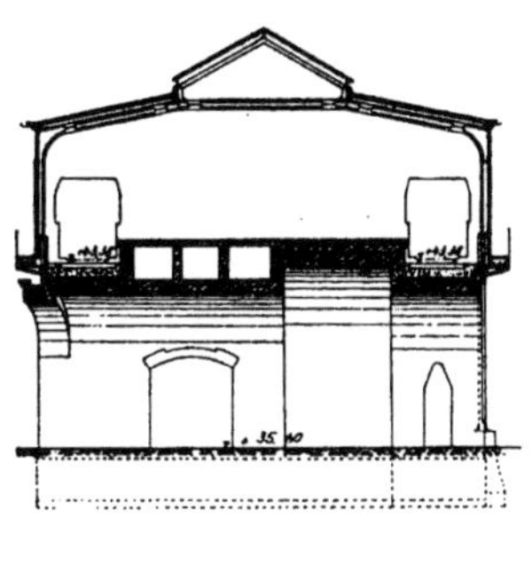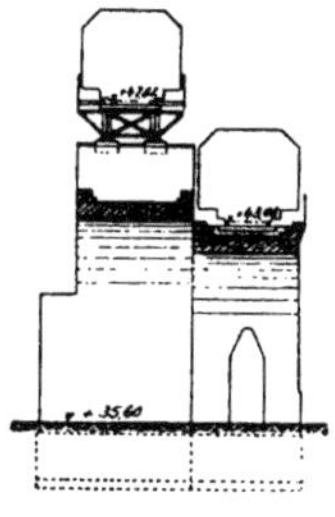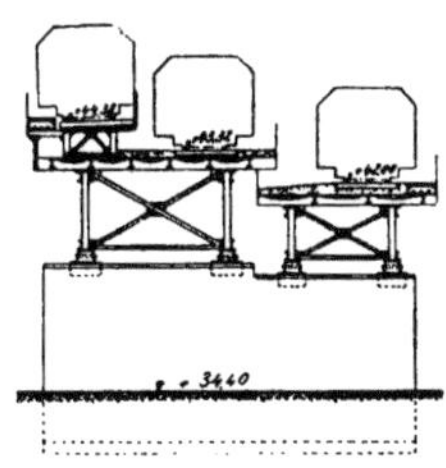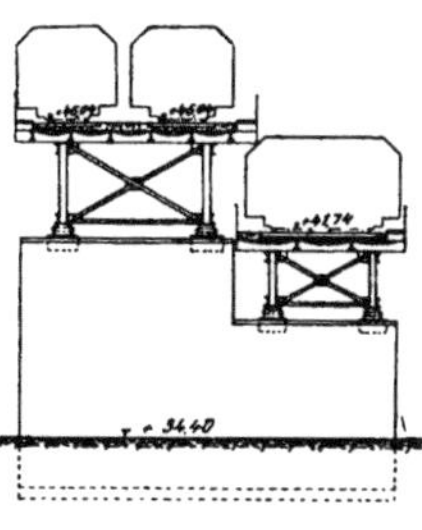

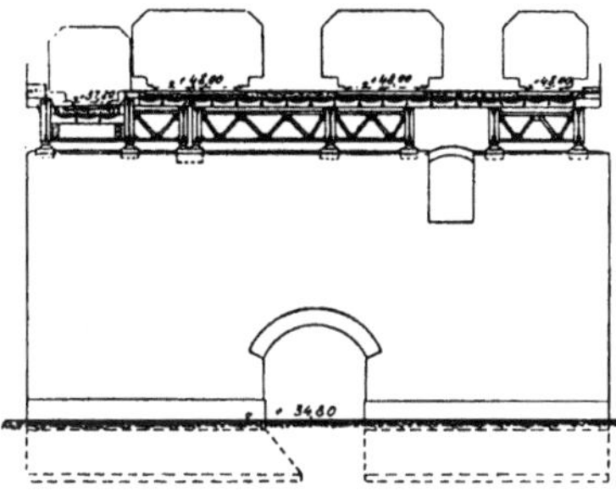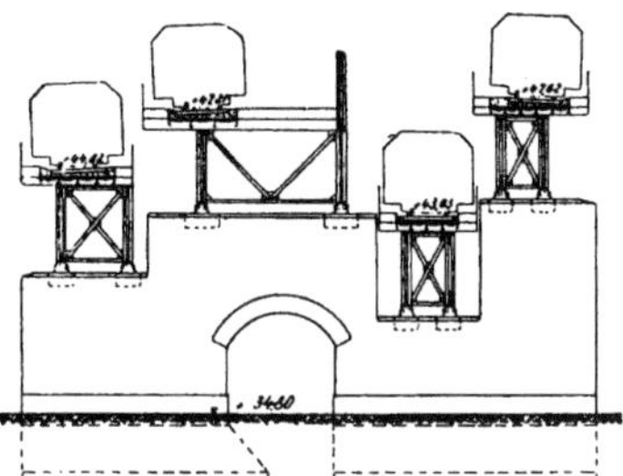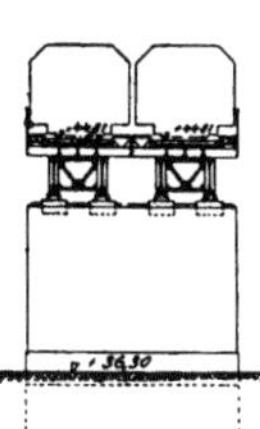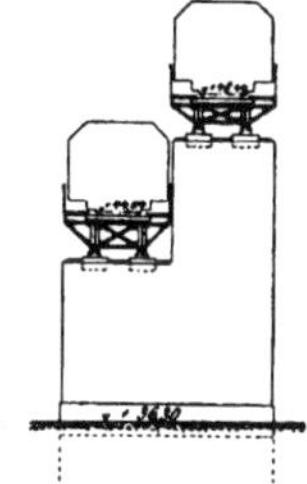

sind die Trebbiner Straße, Luckenwalder Straße und Schöneberger Straße im Stadtbild nur verständlich als die Reste früher nach Westen durchgehender Verkehrswege.

Im Jahre 1868 musste auch die im ›Bebauungsplan der Umgebungen Berlins‹ vom Jahr 1862 vorgesehene geradlini-

Abb. 82. Querschnitte zum Gleisdreieck.

ge Verbindung zwischen Bülow- und Yorckstraße der Eisenbahn wegen nach Süden verschwenkt werden. *Abb. 83* gibt in Übersichtsform einen Ausschnitt aus diesem Bebauungsplan, der im Auftrag des Königlichen Polizei-Präsidenten von

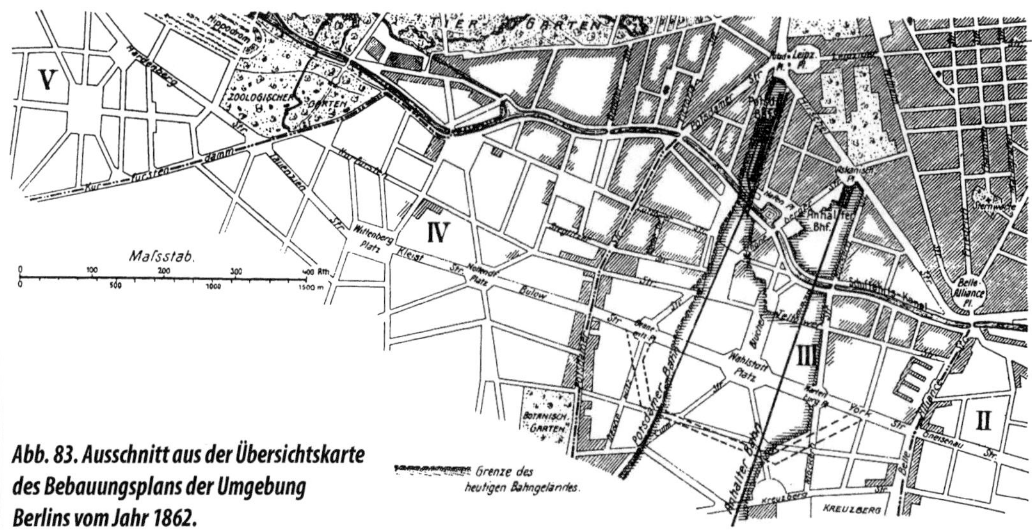

Abb. 83. Ausschnitt aus der Übersichtskarte des Bebauungsplans der Umgebung Berlins vom Jahr 1862.

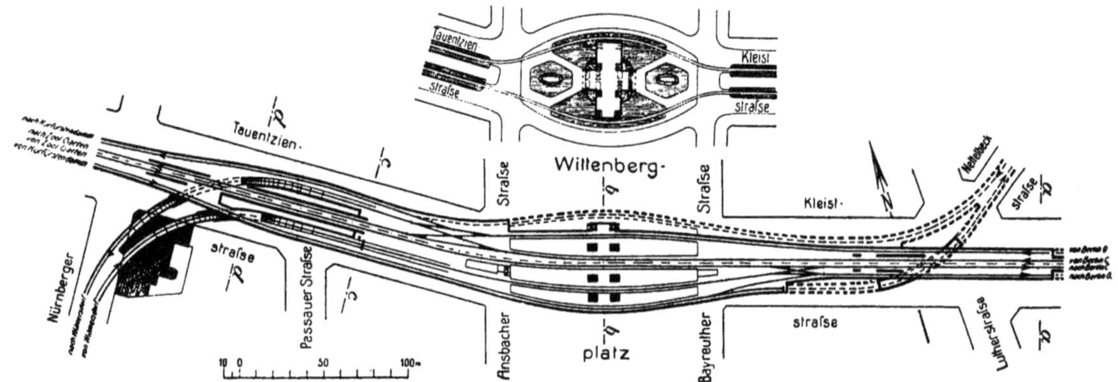

Abb. 84. Lageplan des Bahnhofs Wittenbergplatz und Platzgestaltung darüber.

Abb. 85. Bahnhofshalle auf dem Wittenbergplatz.

Abb. 86. Inneres der Bahnhofshalle auf dem Wittenbergplatz.

Hobrecht, des späteren Stadtbaurat von Berlin, aufgestellt wurde.

In diesem Plan lag die Platz- und Straßenfolge Dennewitzplatz, Bülowstraße, Nollendorfplatz, Kleiststraße, Wittenbergplatz, Tauentzienstraße, Auguste-Viktoria-Platz, Hardenbergstraße, Steinplatz, Knie bereits fest und bildete von jener, den Absichten Friedrich Wilhelm IV. zuzuschreibenden Gürtelstraße einen südlichen Teil, als dessen größte Platzanlagen der Wittenbergplatz und der *Wahlstattplatz* gedacht waren. Letzterer war offenbar bestimmt, mit dem anschließenden Blücherplatz ein bedeutsames Einfallstor für den Verkehr in das Innere von Berlin zu werden.

Etwa an der Stelle des Wahlstatt- bzw. Blücher-Platzes steht das Gleisdreieck der Hochbahn, seinerseits heute ein Einfallstor des Schnellverkehrs in das Innere von Berlin; und auf dem Wittenbergplatz ist jetzt eine andere große Schnellbahnhofsanlage erstanden, die, wie bereits erwähnt, später den Kreuzungspunkt dreier Bahnen bilden wird. Nur auf einem Platz von solcher Ausdehnung war es möglich, einen unterirdischen Kreuzungsbahnhof so auszugestalten, dass sämtliche Gleise in gleich geringer Tiefe unter der Straße liegen und trotzdem die Eingänge zu allen vier Bahnsteigen in einem hallenartigen Aufbau zusammenzufassen, der sich in der Mitte des Platzes auf der zu einem Oval verbreiterten Mittelpromenade und gleichzeitig über der Mitte der Bahnsteige erhebt *(Abb. 85 u. 86)*. Im Schutz der Halle können die Fahrgäste mittels Treppen, deren Höhe durch Tieferlegen des Hallenflurs um 1,4 m gegen die Straße auf das geringstmögliche Maß von 2,9 m beschränkt ist, den Linienwechsel je nach ihrer Fahrtrichtung vornehmen. Der Hallenbau ist nach Entwürfen von Alfred Grenander erbaut. Einen Grundriss der Bahnhofsanlage und Querschnitte durch den Hallenaufbau und durch die Gleisentwicklung an den Enden des Bahnhofs geben die *Abb. 84 u. 87*.

In mehr als einer Hinsicht wird die künftige Bahnhofsanlage auf dem Nollendorfplatz ein Gegenstück zu derjenigen auf dem Wittenbergplatz bilden. Dort wie hier berühren sich bei vollem Ausbau drei Bahnlinien, deren Gleise hier unter der Gunst der bestehenden Verhältnisse in gleicher Höhe nebeneinanderliegen, dort in drei verschiedenen Stockwerken, und zwar die Hochbahn

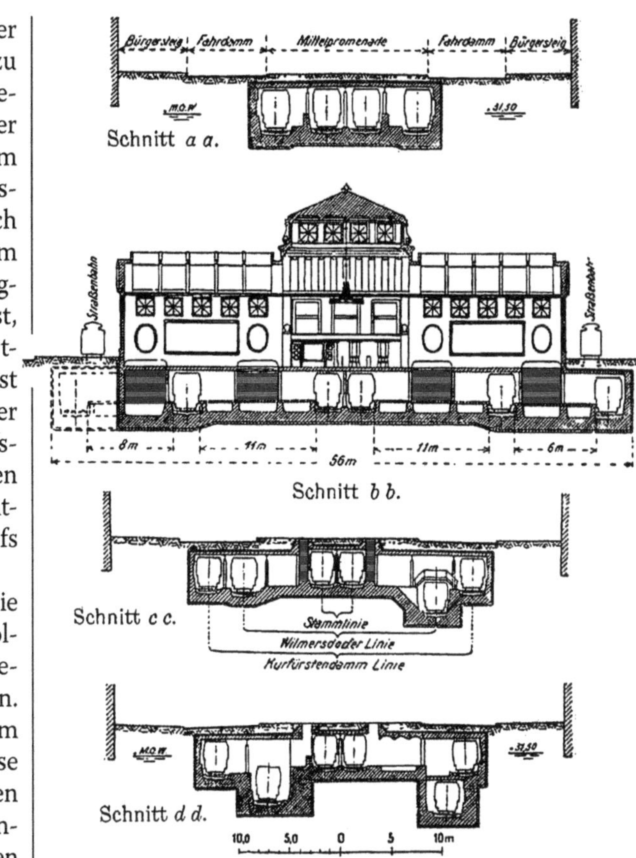

Abb. 87. Schnitte durch die Bahnhofsanlage am Wittenbergplatz.

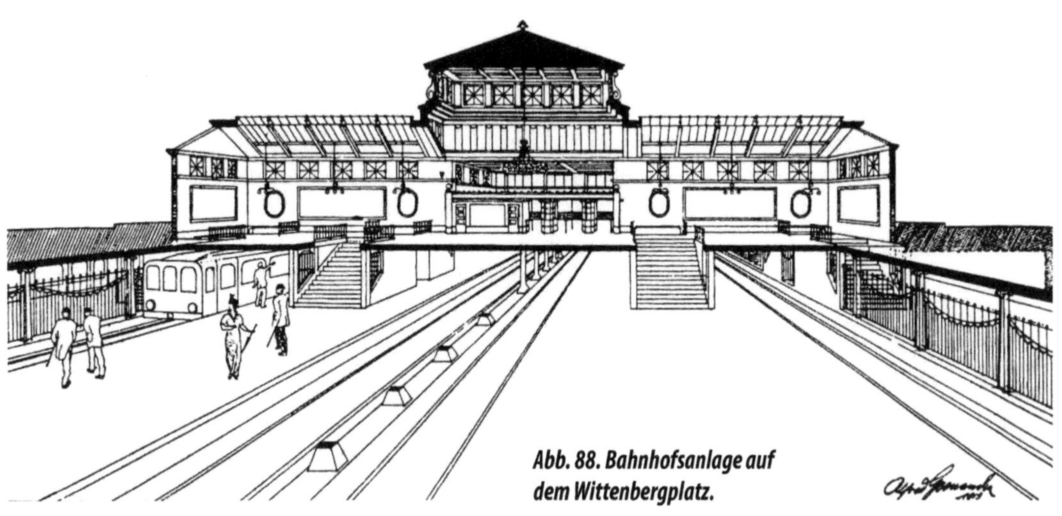

Abb. 88. Bahnhofsanlage auf dem Wittenbergplatz.

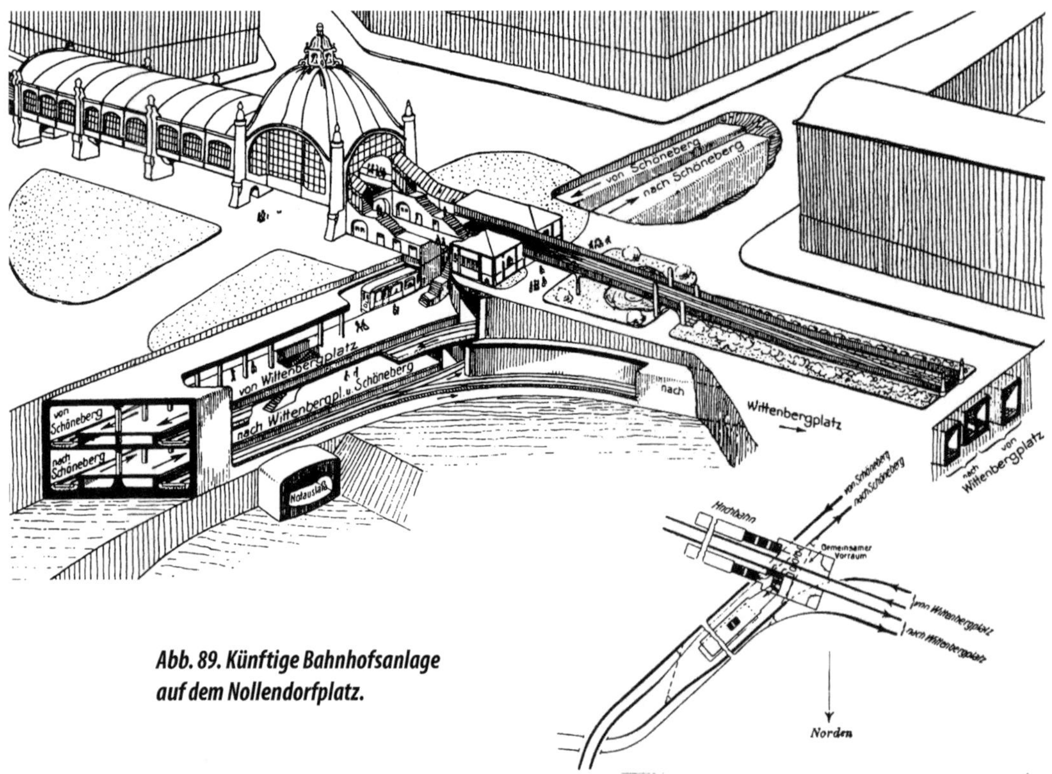

Abb. 89. Künftige Bahnhofsanlage auf dem Nollendorfplatz.

im Winkel gegen die Untergrundbahnen verteilt sind *(Abb. 88 u. 89)*.

Durch richtungsweises Zusammenlegen der Gleise beider Untergrundbahnlinien auf dem Nollendorfplatz in je einem Stockwerk wird sich der Linienwechsel für den größeren Teil des Verkehrs dennoch auch hier sehr bequem vollziehen, der Linienwechsel für den geringeren Teil des Verkehrs zwischen Untergrundbahnhof und Hochbahnhof freilich nicht ganz so bequem. Die Zugangstreppen zu allen drei Bahnhöfen werden wie auf dem Wittenbergplatz zu einem gemeinsamen Vorraum zusammengeführt werden, was für die Orientierung des Publikums sehr wesentlich ist.

Die Stadtgemeinde Charlottenburg benutzte die Gelegenheit des Bahnbaues, um die Straßeneinteilung der Tauentzienstraße, wie auch später die der Kleiststraße, so zu ändern, dass die Straßenbahnen jetzt zu beiden Seilen des Mittelstreifens ihren eigenen Bahnkörper unabhängig von den Fahrdämmen haben, eine Anordnung, welche neben anderen Vorzügen den Fahrgästen der Straßenbahn beim Ein- und Aussteigen Schutz vor dem starken Wagenverkehr auf den Fahrdämmen gewährt *(vergl. Abb. 90 u. 91)*. Die Straßenbahngesellschaft zeigte ihr Interesse an der Umänderung der Straßeneinteilung dadurch, dass sie sich bereitfand, zu den entstehenden Mehrkosten beizutragen.

Während jetzt nach den Vorschriften der Aufsichtsbehörden überall an denjenigen Straßenkreuzungen, wo auch Kreuzungen zweier Untergrundbahnen zu erwarten stehen, der Erbauer

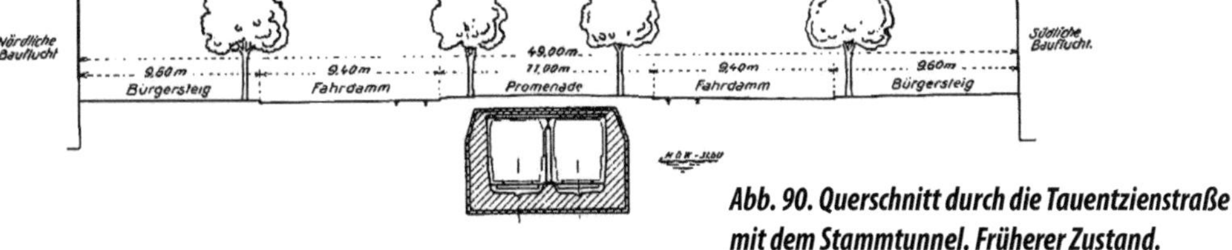

Abb. 90. Querschnitt durch die Tauentzienstraße mit dem Stammtunnel. Früherer Zustand.

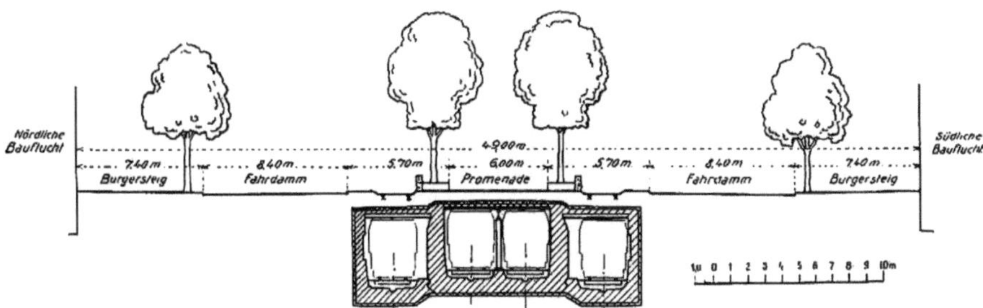

Abb. 91. Querschnitt durch die Tauentzienstraße mit erweiterter Tunnelanlage. Jetziger Zustand.

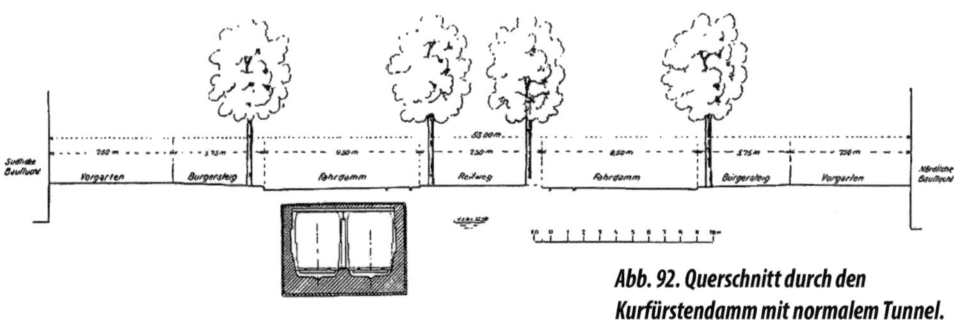

Abb. 92. Querschnitt durch den Kurfürstendamm mit normalem Tunnel.

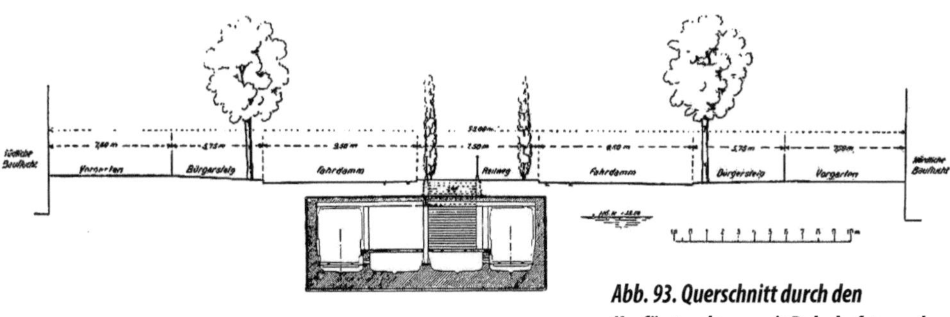

Abb. 93. Querschnitt durch den Kurfürstendamm mit Bahnhofstunnel.

Abb. 94. Bahnhof Uhlandstraße.

Abb. 95. Bahnhof Heidelberger Platz.

Abb. 96. Bahnhof Breitenbachplatz.

des ersten Tunnels bei seinem Bauwerk auf die spätere Unterführung des zweiten Tunnels durch geeignete Einbauten Rücksicht zu nehmen und sich hierüber mit dem anderen Bahnunternehmer zu verständigen hat, musste die Hochbahngesellschaft bei der Kaiser-Wilhelm-Gedächtniskirche ihre Stammstrecke nach dem Zoologischen Garten mit ihrem neuen Tunnel unterfahren, ohne dass seinerzeit solche Vorkehrungen getroffen waren. Es zeigte sich, dass auch unter solchen Umständen die Tunnelkreuzung ohne unzulässige Betriebsstörung und Betriebsgefährdung der bestehenden Untergrundbahn technisch durchführbar ist, obwohl hier in gleicher Weise wie bei den Tieftunneln an den Kreuzungen westlich und östlich des Bahnhofs Wittenbergplatz Wasserabsenkungen bis über 9 m erforderlich wurden.

Bei Bestimmung der Lage des Tunnels im Kurfürstendamm handelte es sich darum, den Baumbestand nach Möglichkeit zu schonen. Der Tunnel der freien Strecke wurde unter einen der Fahrdämme gelegt und lediglich beim Bau des Bahnhofs Uhlandstraße, dessen Eingänge nach Lage der Straßeneinteilung nicht anders wie auf dem in der Mitte der Straße befindlichen Reitweg untergebracht werden konnten, mussten die Bäume auf Bahnhofslänge beseitigt werden. Ebenso wird auch bei der zu erwartenden Fortsetzung der Bahn durch den Kurfürstendamm verfahren werden können *(vergl. Abb. 92 u. 93)*.

Die Bahnhöfe Uhlandstraße *(Abb. 94)* und Nürnberger Platz bieten im Vergleich zu deu neueren Untergrundbahnhöfen im Stadtinneren keine wesentliche Abweichung. Auch hier erfolgte die architektonische Ausgestaltung nach Entwürfen von Alfred Grenander, der bei seinen für die Hochbahngesellschaft ausgeführten Architekturen wesentlich darauf ausging, klare, dem Bauwerkzweck und dem Baustoff entsprechende Raum- und Linienwirkungen herauszuarbeiten, die gerade, wenn sie erreicht sind, die auf sie verwandte Arbeit und Kunst weniger ins Auge fallenlassen als ein Reichtum in der Einzeldurchbildung. Durchbildungen schmückender Art wurden von Grenander in der Stadt wie im Westen im Wesentlichen nur an den Eingängen und in den Eingangsräumen vorgenommen, im besonderen Maße auch an der Bahnhofshalle Wittenbergplatz.

Wesentlich unterscheiden sich von dieser Bahnhofsform die Bahnhöfe der Wilmersdorfer Untergrundbahn *(vergl. Abb. 64 u. 97)*. Die Stadtgemeinde Berlin-Wilmersdorf und der Erbauer dieser Bahn, Stadtbaurat Müller, gingen in der ausgesprochenen Absicht vor, den Bahnhöfen ihrer Linie eine repräsentative Haltung zu geben, die von dem kräftigen Wachstum der Gemeinde zeugen sollte. Massive oder massiv verkleidete Mittelstützen und reich gegliederte Decken und Wände geben, in den Einzelheiten und in den Baustoffen wechselnd, jedem der fünf Wilmersdorfer Bahnhöfe sein besonderes Gepräge. Ihre architektonische Bearbeitung erfolgte durch städtische Baubeamte, vornehmlich durch den Architekten Wilhelm Leitgebel.

Als besonders eigenartig dürfen

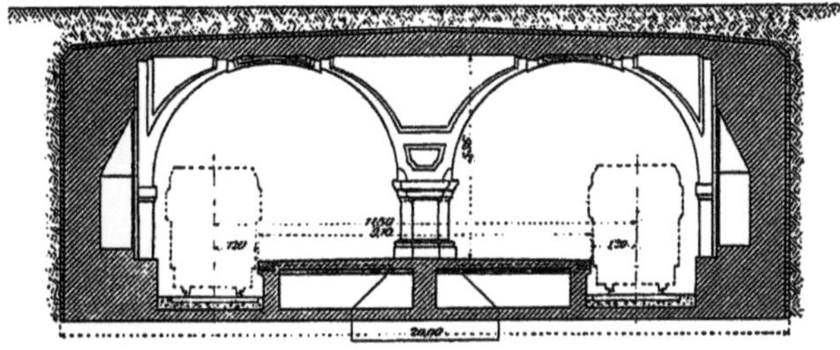

Abb. 97. Querschnitt durch den Bahnhof Heidelberger Platz.

die Bahnhöfe Heidelberger Platz und Breitenbachplatz *(vergl. Abb. 95 u. 96)* bezeichnet werden. Der Bahnhof Heidelberger Platz ist noch dadurch bemerkenswert, dass er einen Baublock und die Ringbahn unterfährt, zu deren Bahnhof ›Schmargendorf‹ eine Übergangstreppe in Aussicht genommen ist *(Abb. 65)*.

In der Durchquerung des sogenannten Fenngeländes, der Reste eines alten, nach den Grunewaldseen führenden Flussarmes, bietet die Wilmersdorfer Bahn noch ein anderes außergewöhnliches Bauwerk, die Seeparkbrücke *(vergl. Abb. 68 u. 69)*. Über den Brückengewölben liegt zunächst die Untergrundbahn und zu beiden Seiten derselben befinden sich Wandelgänge, welche die Anlagen an beiden Ufern des Sees verbinden. Darüber hinweg führt die Barstraße.

Die Dahlemer Bahn liegt auf ihrer größten Länge zutage, und zwar im Einschnitt *(Abb. 98)*. Die Königliche Domäne war in der Lage, den Bebauungsplan dem Bahnentwurf anzupassen und für

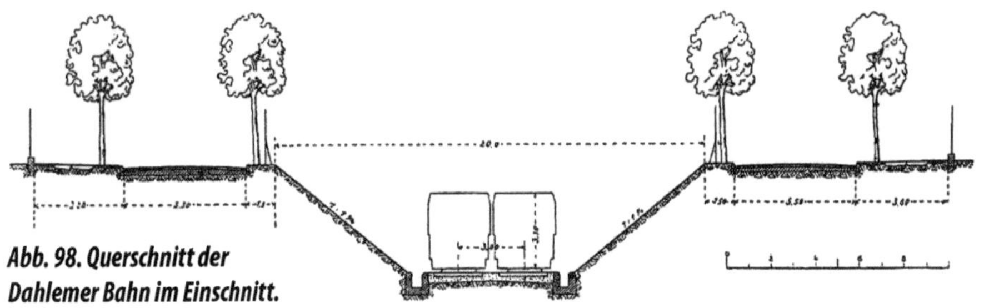

Abb. 98. Querschnitt der Dahlemer Bahn im Einschnitt.

die Bahnführung eine besonders breite Straße vorzusehen, in deren Mitte der Einschnitt liegt. Die Tiefenlage der Bahn ist derart, dass je nach Bedürfnis kreuzende Straßen übergeführt werden können und auch die Bahn in ihrer ganzen Länge im Bedarfsfalle überdeckt werden kann. Die Bahnhöfe der Dahlemer Bahn sind so gestaltet, dass in Straßenhöhe kleine Empfangsgebäude errichtet sind, von denen Treppen zu den Bahnsteigen hinabführen, die zum Teil überdacht sind *(Abb. 99–101)*.

Die architektonische Ausbildung dieser Bahnhofsgebäude geschah im Einklang mit der teils ländlichen, teils landhausartig bebauten Umgebung *(Abb. 66, 102 u. 103)*, und auch die Innenräume der Empfangsgebäude haben, anklingend an diese Umgebung, eine heitere und farbige Ausstattung erhalten. Die architektonische Bearbeitung des Bahnhofs Podbielskiallee lag in Händen des Architekten Schweitzer, die des Bahnhofs Dahlem-Dorf in Händen der Architekten Gebr. Hennings die des Bahnhofs Thielplatz in Händen

Abb. 99. Bahnhof im Einschnitt (Podbielskiallee).

des Architekten Heinrich Straumer. Die Aufstellung der Entwürfe und die Bauleitung der Dahlemer Bahn erfolgten durch den Geheimen Baurat Bandekow und Beamte der Dahlem-Kommission.

Für die im Jahr 1913 in Betrieb genommenen Bahnstrecken in der Innenstadt und im Westen Berlins hat die Hochbahngesellschaft wesentliche Erweiterungen ihrer Betriebseinrichtungen vornehmen müssen. Bis zum Jahr 1911 erfolgte die Kraftversorgung des Bahnnetzes allein vom Kraftwerk Trebbiner Straße, das im ganzen für 8600 kW eingerichtet ist; die Pflege der Wagen erfolgte im Betriebsbahnhof Warschauer Brücke am östlichen Ende der Bahn. Noch vor Eröffnung der neuen Stadtstrecke und der Weststrecken wurden im Westen Groß-Berlins zwei neue Betriebstätten in den Dienst gestellt, und zwar das Kraftwerk Unterspree im November 1911 und der Betriebsbahnhof Grunewald im November 1912.

Das Kraftwerk Unterspree liegt in der Gemarkung Ruhleben nordwestlich vom Spandauer Bock an der Spree neben der Hamburg-Lehrter Bahn *(Abb. 105–108)*.

Dort sind drei Turbogeneratoren von je 3800 kW, also von zusammen 11400 kW aufgestellt, die mit der in

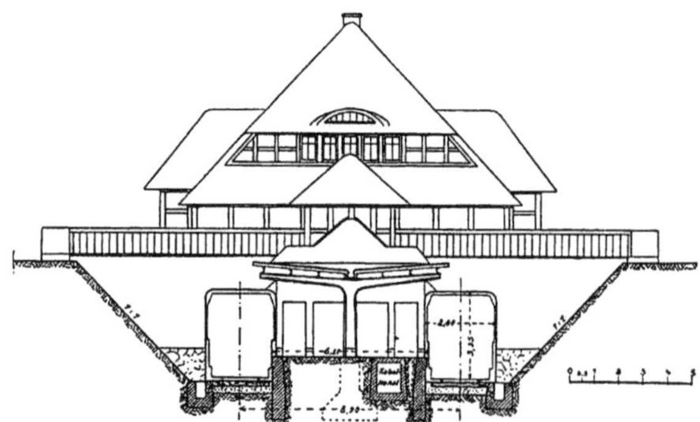

Abb. 100. Querschnitt durch den Bahnhof Dahlem-Dorf.

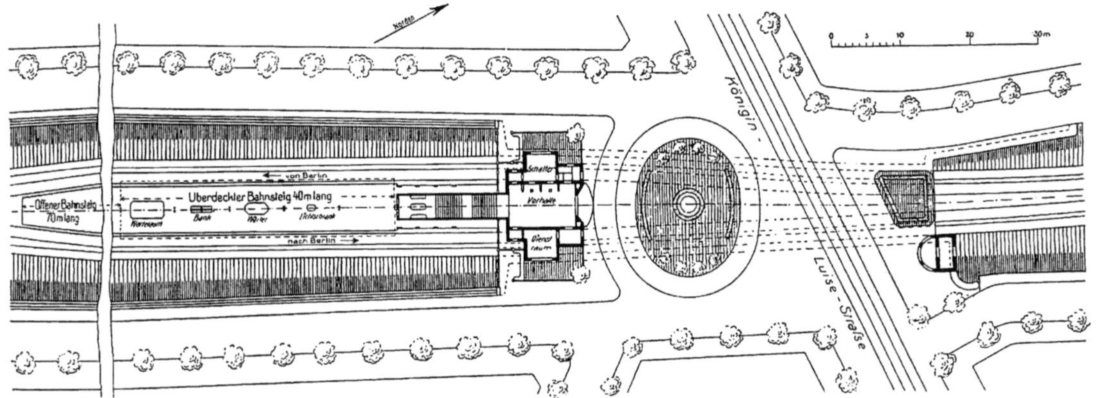

Abb. 101. Lageplan des Bahnhofs Dahlem-Dorf.

Abb. 104 dargestellten Schaltung über Transformatoren den Umformerwerken Drehstrom von 10 000 Volt zusenden. Zur Dampferzeugung sind sieben Kessel, hiervon fünf Steilrohrkessel mit zusammen 3175 m² Heizfläche vorhanden *(Abb. 106)*. Mittels einer mechanischen Kohlenförderung kann die Kohle aus den Kähnen in die Bunker des Kessel-

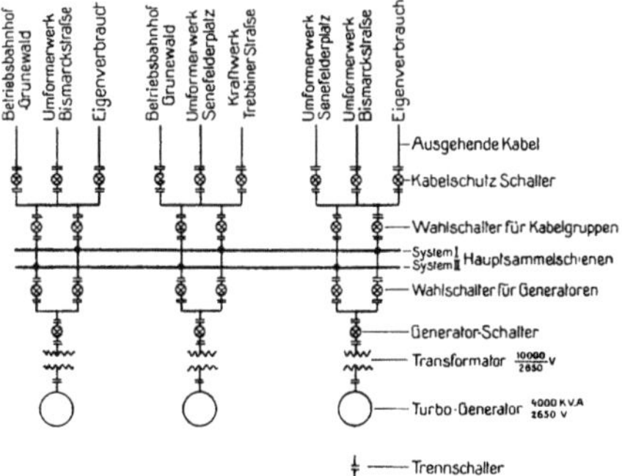

Abb. 104. Schaltbild des Kraftwerks Unterspree.

hauses oder auf den rund 40 000 t fassenden Lagerplatz oder auch vom Platz in die Bunker gefördert werden. Die Leistungsfähigkeit für die Platzbeschickung beträgt 80 t, für die Bunkerbeschickung 40 t in der Stunde. Vom Kraftwerk Unterspree werden die Umformerwerke Bismarckstraße und Senefelderplatz versorgt, so dass das Bahnnetz der Hochbahngesellschaft nunmehr von

Abb. 102. Bahnhof Dahlem-Dorf.

Abb. 103. Bahnhof Thielplatz.

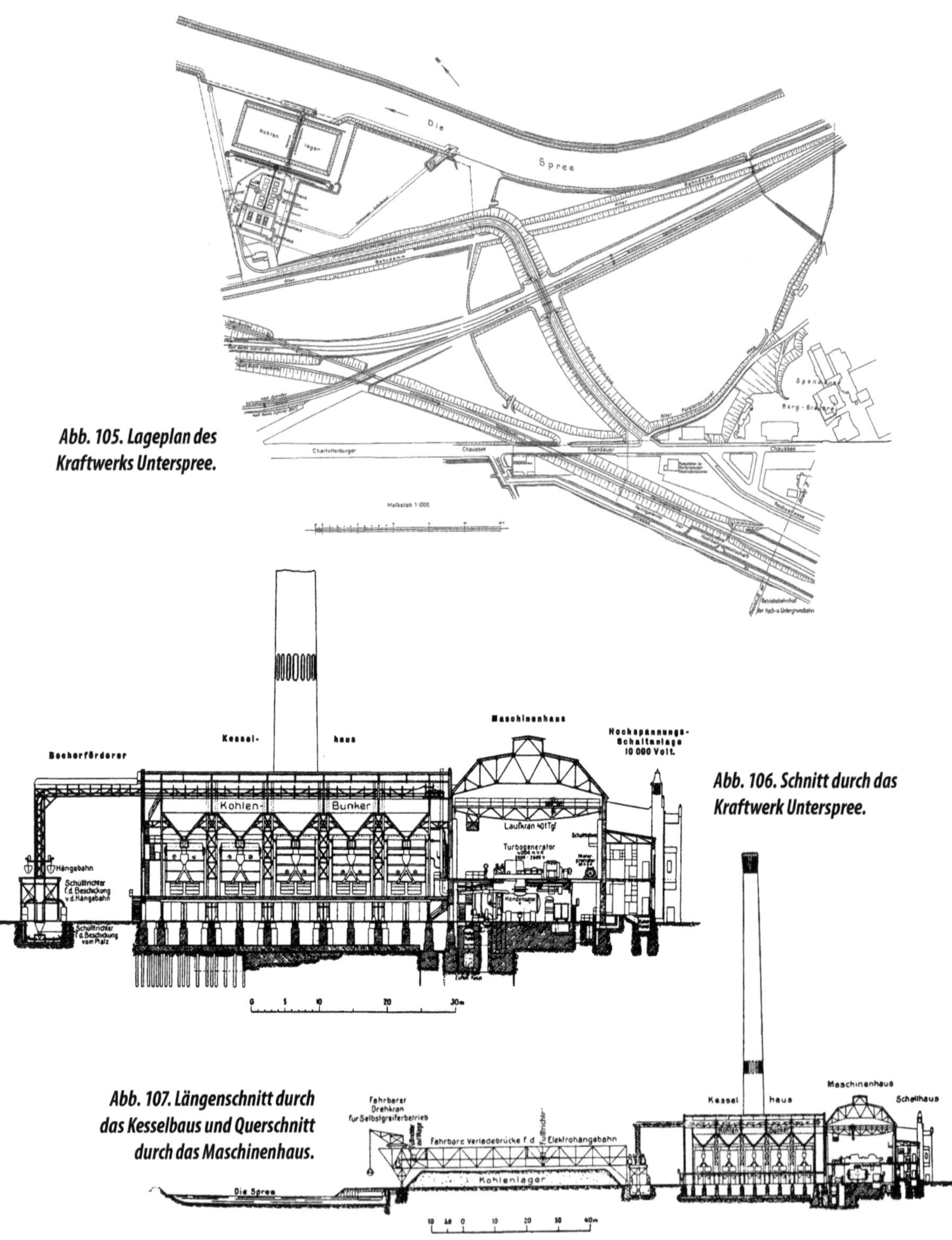

Abb. 105. Lageplan des Kraftwerks Unterspree.

Abb. 106. Schnitt durch das Kraftwerk Unterspree.

Abb. 107. Längenschnitt durch das Kesselbaus und Querschnitt durch das Maschinenhaus.

diesen Unterwerken und vom Kraftwerk Trebbiner Straße mit Gleichstrom von 780 Volt versorgt wird. Die Speisebezirke *(Abb. 109)* sind so bemessen, dass der Spannungsabfall höchstens 15 % beträgt. Die Wilmersdorf-Dahlemer Bahn und die Schöneberger Bahn werden von Werken der Elektrizitätswerk Südwest AG gespeist.

Die Hochbahngesellschaft begann den Betrieb ihrer Stammstrecke mit einem Bestand von 62 Wagen. Zur Pflege des jetzt auf rund 400 Wagen angewachsenen Wagenbestandes würden die Anlagen auf dem Betriebsbahnhof Warschauer Brücke nicht mehr ausgereicht haben. Dieser Bahnhof bestand aus einem Wagenschuppen und einer Werkstätte von je rund 1700 m², denen im Jahr 1907 ein zweiter Wagenschuppen von etwa 5100 m² hinzugefügt wurde *(Abb. 110)*.

Die Hochbahngesellschaft nahm aber von ferneren Erweiterungen dieser Anlagen Abstand, weil die Kosten des Geländes und auch die Baukosten wegen der Höhenlage der Bahn unverhältnismäßig hoch geworden wären; auch hätte sich ein so umfangreicher Verschiebebetrieb infolge der ungünstigen Lage zu den Hauptgleisen recht unbequem gestaltet.

Der neue Betriebsbahnhof Grunewald *(Abb. 111)* liegt am westlichen Ende der Bahn auf einem 14 ha großem Gelände, das von der Forstverwaltung erworben wurde. Hier werden sämtliche größeren Ausbesserungen und der Zusammenbau neuer Wagen vorgenommen, während in den Anlagen an der Warschauer Brücke nur noch das tägliche Nachsehen und kleinere Ausbesserungen ausgeführt werden. Auf dem Betriebsbahnhof Grunewald sind ein Wagenschuppen von rund 5700 m² und eine Werkstät-

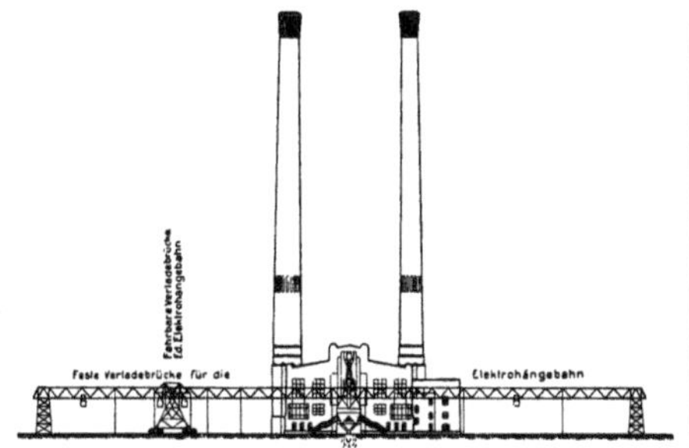

Abb. 108. Nordansicht des Kraftwerks Unterspree.

te von rund 7800 m² errichtet worden. Das Verwaltungsgebäude enthält außer Geschäftsräumen die Wohnung des Betriebsingenieurs und noch eine Reihe weiterer Wohnungen. In einem besonderen Gebäude sind für etwa 250 Arbeiter Speiseräume nebst Küchenanlage, Umkleide-, Wasch- und Brauseräume und verschiedene Dienstwohnungen vorgesehen. Sämtliche Baulichkeiten werden mittels Fernleitungen von dem Kesselhaus aus geheizt; für die Wasserversorgung ist eine eigene Anlage vorhanden. Die Kraftversorgung geschieht vom Kraftwerk Unterspree aus.

Die Gleisanlage des Betriebsbahnhofs ist so gestaltet, dass der Verkehr zwischen den Wagenschuppengleisen und

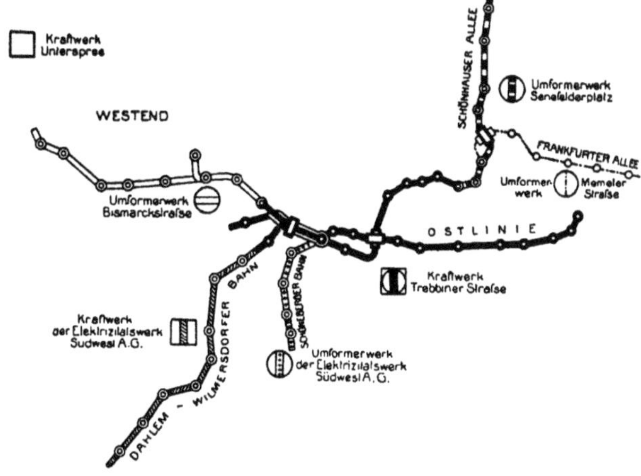

Abb. 109. Speisebezirke des Schnellbahnnetzes.

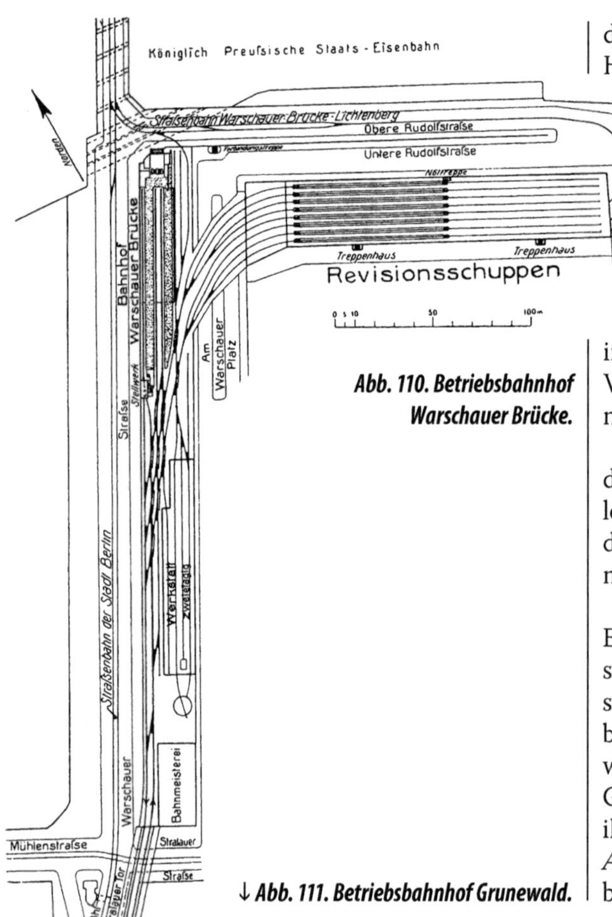

Abb. 110. Betriebsbahnhof Warschauer Brücke.

den aus dem Bahntunnel kommenden Hauptgleisen ohne Umsetzen erfolgen kann. Unabhängig davon ist am Außenrand ein Prüfgleis vorgesehen. Von einem Umsetzgleis hinter den Hauptgleisen aus sind die Aufstellgleise zur Bedienung der Werkstätte zugänglich. Die Zustellung der Wagen aus den Abstellgleisen in die Werkstätte hinein erfolgt unter Vermittlung einer elektrisch betriebenen Schiebebühne.

Der Betriebsbahnhof Grunewald und das Kraftwerk Unterspree sind so angelegt, dass umfangreiche Erweiterungen dieser Anlagen sowie aller ihrer einzelnen Teile möglich sind.

Es mag angebracht erscheinen, diese Ausführungen mit einem Plan zu schließen, der einen Überblick darüber gewährt. Wie die eingeleitete Entwicklung des Schnellbahnnetzes für Groß Berlin in den nächsten Jahren ihren Fortgang nehmen wird *(vergl. Abb. 112)*. Von den durch die Aufsichtsbehörden genehmigten Bahnen ist die

↓ **Abb. 111. Betriebsbahnhof Grunewald.**

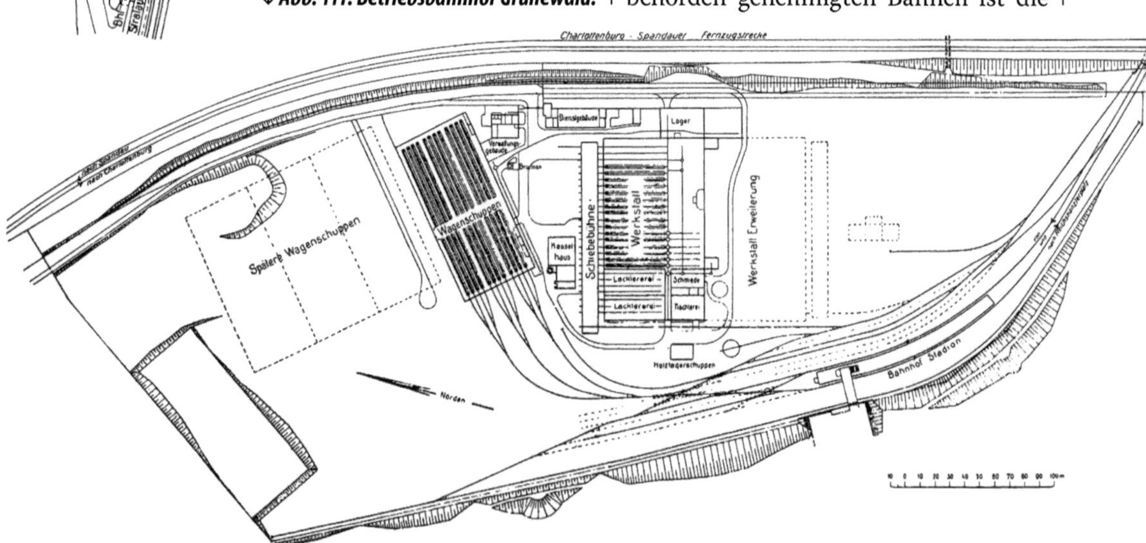

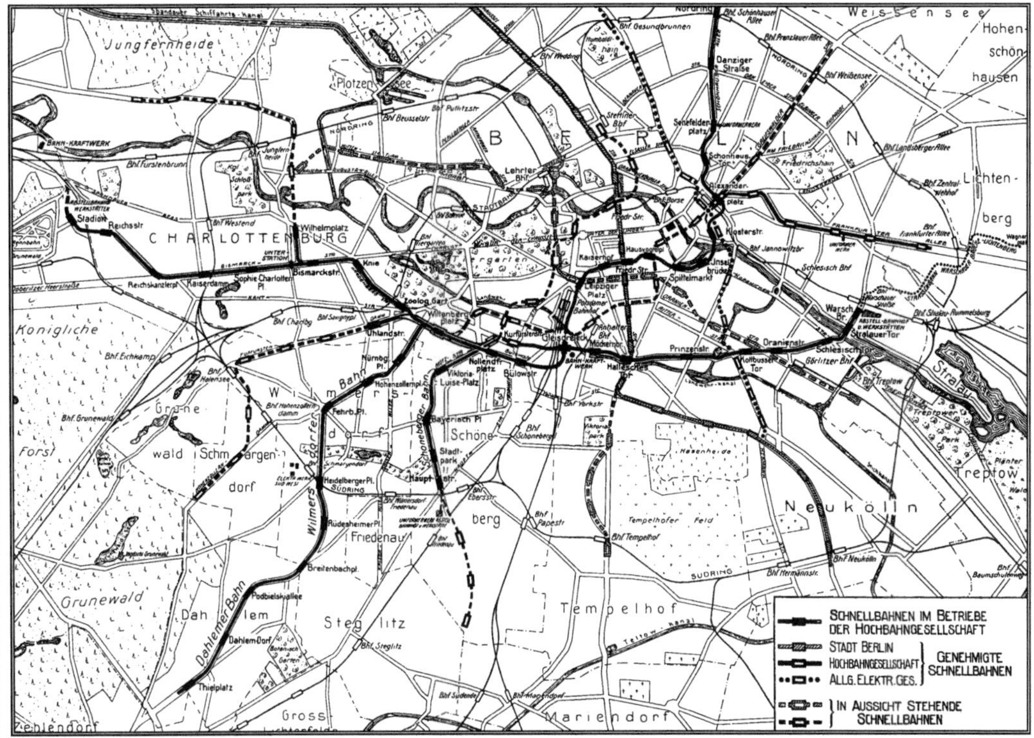

Abb. 112. Das künftige Schnellbahnnetz Großberlins.

Linie Süd-Nord der Stadt Berlin mit dem Bau ihres nördlichen Teiles bereits weit vorgeschritten; der Baubeginn der Linie Neukölln – Gesundbrunnen der Allgemeinen Elektrizitäts-Gesellschaft ist soeben erfolgt, und die Hochbahngesellschaft wird voraussichtlich den Bau ihrer Linie nach der Frankfurter Allee der Fertigstellung des im Westen noch fehlenden Zwischenstückes vom Wittenbergplatz nach dem Gleisdreieck unmittelbar folgen lassen können. Diese Gesellschaft wird dann rund 44 km Schnellbahnen in ihrem Betrieb vereinigt haben. Die Stadt Berlin beabsichtigt, dem Bau der Süd-Nord-Linie baldigst den Bau einer Linie vom Görlitzer Bahnhof über den Leipziger Platz nach Moabit folgen zu lassen und hat den Behörden die Trasse dieser Bahn bereits vorgelegt. Die Gemeinden Charlotten-

burg und Wilmersdorf wünschen eine baldige Fortsetzung der Untergrundbahn durch den Kurfürstendamm und haben hierüber schon Verhandlungen mit der Hochbahngesellschaft eingeleitet, die auch auf Wunsch der Gemeinden Pankow und Lichtenberg Entwürfe aufgestellt hat für die Fortführung der am Nordring in der Schönhauser Allee endigenden Hochbahn und der nach dem genehmigten Entwurf vor dem Nordring in der Frankfurter Allee endigenden Untergrundbahn. Für die Fortsetzung des auf dem Wilhelmplatz in Charlottenburg endigenden Untergrundbahnzweiges liegt mehr als ein Entwurf vor.

Es ist vorstehend ausgeführt worden, dass das Schnellbahnprogramm in den

Gleisdispositionen der Untergrundbahnhöfe Wittenbergplatz und Nollendorfplatz für die Kurfürstendammlinie wie für die Schöneberger Bahn selbstständige Verlängerungen in besondere Gebiete des Stadtinneren vorgesehen hat, die dann Gelegenheit bieten, auch neue Außenwohngebiete im Norden bzw. Nordosten von Berlin anzuschließen. Die Frage, welche Lösung diese beiden offenen Fragen finden werden, ist zwar mehrfach erörtert, jedoch noch schwebend. Ihre Regelung kann auch nicht unbeeinflusst bleiben von der weiteren Frage, ob die staatliche Eisenbahnbehörde sich eine Verbindung zwischen dem Potsdamer Bahnhof und dem Stettiner Bahnhof in Form einer Tunnelbahn durch die Königgrätzer Straße Stresemann- und Ebertstraße und am Stadtbahnhof Friedrichstraße vorbei offen halten will, eine Frage, von deren Entscheidung das Bild des künftigen unterirdischen Potsdamer und Leipziger Platzes mit abhängen wird.

Wie im Westen der Wittenbergplatz und der Nollendorfplatz wird aber im Osten der Alexanderplatz sich bestimmt zu einem wichtigen Untergrundbahn-Knotenpunkt entwickeln. ❐

Fritz Bergwald

Grundwasser-Absenkungen für den Untergrundbahnbau in Berlin und Umgegend

1917

Bekanntlich weist infolge ungünstiger geologischer Verhältnisse der Berliner Baugrund bereits in geringerer Tiefe, durchschnittlich rd. 3 – 4 m unter der Straßenoberfläche, Grundwasser auf, worauf bei allen Tiefbauarbeiten entsprechende Rücksicht zu nehmen ist.

Das frühere Gründungsverfahren, das darin bestand, dass man nach Einfassung der Baugrube mit Spundwänden in den derart abgeschlossenen Raum Beton schüttete und dann das Wasser herauspumpte, oder dass man das Bauwerk auf eingerammten Pfählen hoch führte, oder auch eiserne oder gemauerte Brunnen zur Absenkung brachte, kommt heute fast gar nicht oder doch nur in selteneren Fällen zur Ausführung, da man in der modernen Grundwasserabsenkung ein bedeutend wirtschaftlicher arbeitendes Verfahren gefunden hat.

Umbau der Haltestelle Wittenbergplatz

In den Jahren 1911 bis 1913 wurde die Haltestelle Wittenbergplatz, die bisher zweigleisig war, in einen fünfgleisigen Bahnkörper umgebaut, um die Abzweigungen der Wilmersdorfer und der Neu-Charlottenburger Untergrundbahn in die Stammstrecke aufzuneh-

men. Zu diesem Zweck mussten an vier Stellen Unterführungen eines Tunnels durch einen anderen hergestellt werden, wodurch tiefere Absenkungen erforderlich wurden. Als Beispiel sei hier die Tunnelkreuzung an der Nettelbeck-Ecke Kleiststraße erwähnt, die von Siemens & Halske im Eigenbetrieb ausgeführt wurde. Die Absenkung erfolgte in drei Staffeln.

Die erste Staffel (von + 31,8 auf + 27,3) dient für die Wasserhaltung, wie sie für den Umbau der Haltestelle Wittenberg-

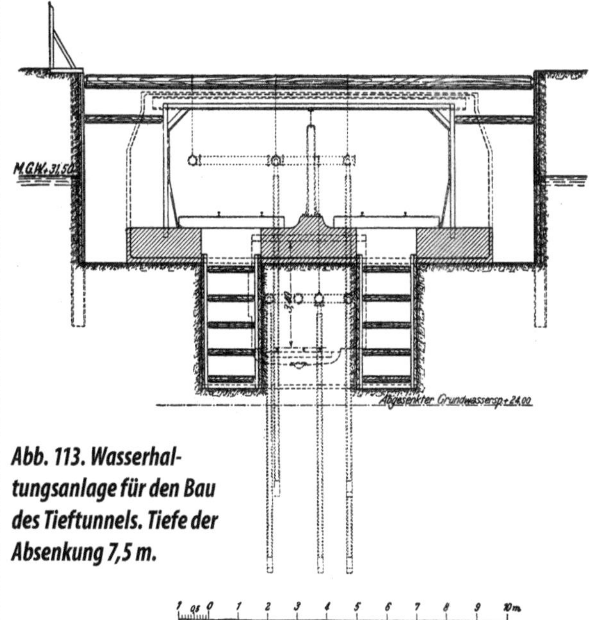

Abb. 113. Wasserhaltungsanlage für den Bau des Tieftunnels. Tiefe der Absenkung 7,5 m.

Abb. 114. Verlegen der Leitungen für die Wasserhaltung im Tieftunnel an der Nettelbeckstraße.

Abb. 115. Saugleitung im Tieftunnel an der Nettelbeckstraße.

platz erforderlich war, während die Staffeln II (von + 27,3 auf + 24,5) und III (von + 24,5 auf + 22,5) die Erweiterung der Wasserhaltung für den Tieftunnel darstellen. Die Gesamtabsenkung erreichte die Tiefe von 9,30 m.

Aus der *Abb. 114* ist der Mittelteil des Tieftunnels unter dem alten, zum Teil abgebrochenen Stammtunnel zu ersehen. Der Bahnbetrieb ist bereits in die seitlichen Tunnelverbreitungen überge-

leitet worden. Die Betriebsstrecken sind durch Holzverschalungen von der Baustelle getrennt worden.

Abb. 115 stellt die Saugleitung mit den angeschlossenen Rohrbrunnen der dritten Staffel dar. Die zweite Staffel wurde aus zwei Maschinensätzen, die dritte aus einem Maschinensatz gebildet. Beide Maschinensätze der zweiten Staffel, die durch den Stammtunnel getrennt waren, dienten sich gegenseitig als Aushilfe, indem die beiden Saugleitungen durch ein wagerecht unter dem Stammtunnel gebohrtes Rohr in Verbindung gebracht wurden.

Dückerbau bei der Untergrundbahn in Charlottenburg

Öfter werden bei Kreuzungen von bereits bestehenden Entwässerungsleitungen mit Untergrundbahnen Verän-

Abb. 116. Mehrstafflige Grundwasser-Haltungsanlage für die Herstellung zweier Tunnelstock

derungen der ersteren erforderlich. Zu diesem Zwecke erfolgt entweder eine Umlegung oder eine Querschnittänderung der Kanalisationsleitungen, oder sie werden ›gedükert‹ d.h. mit gebrochener Sohlenrinne unter dem Tunnel hindurchgeführt.

Zur Ausführung derartiger Kanaldüker, die gleichzeitig mit dem Tunnelbau erfolgt, ist eine verstärkte Grundwassersenkung erforderlich. Als lehrreiches Beispiel eines derartigen Bauwerkes sei hier der Dükerbau an der Joachimsthaler Straße Ecke Kurfürstendamm herausgegriffen. Hier musste der in den Landwehrkanal mündende 3,3 m breite und 3,3 m hohe gemauerte Notauslass der Wilmersdorfer städtischen Kanalisation unter der im Zug des Kurfürstendamms verlaufenden Untergrundbahn hindurchgeführt werden.

Die Ausführung des Bauwerkes erfolgte als Doppeldüker. Der Sammelkanal wurde in zwei gemauerte Kanäle von je 2 m Breite und 2 m Höhe aufgelöst. Durch die erste Wasserhaltungsstaffel wurde der Grundwasserspiegel um 2,70 m gesenkt. Für die Ausführung des Dükerbaus wurden neben der Dükerbaugrube im Tunnel eine besondere, tiefer gelegene Pumpstelle errichtet, die aus zwei Maschinensätzen gebildet wurde, von denen ein Satz für den regelmäßigen Betrieb und der andere als Behelf diente. Durch diese zweite Staffel wurde der Grundwasserspiegel um weitere 3,3 m abgesenkt, wodurch sich eine Gesamtabsenkung von 6 m an dieser Stelle ergab. Wie aus *Abb. 117* ersichtlich ist, waren die Rohrbrunnen der zweiten Staffel in einer Reihe zwischen den beiden zu bauenden Kanälen niedergebracht worden. Die Rohrbrunnen wurden mit Einschalungshölzern umgeben, um nach dem Ausfüllen des Zwi-

Abb. 117. Wasserhaltung für den Dückerbau an der Ecke Joachimsthaler Straße und Kurfürsten

schenraumes zwischen den beiden Kanälen mittels Sparbetons die Brunnen wieder zu gewinnen. Die entstandenen Löcher wurden dann nachträglich mit Beton ausgefüllt.

Wasserhaltungen für den Bau der Untergrundbahn Wittenbergplatz – Kaiserallee

Für die Grundwassersenkungen beim Bau der Strecke vom Wittenbergplatz zur Kaiserallee wurden zusammen 242 Rohrbrunnen niedergebracht, die durch 2180 lfd. m Saugeleitungen von 200 – 300 mm Durchmesser verbunden waren. Als Abflussleitungen dienten 3900 lfd. m Muffenrohre von 300 – 450 mm Durchmesser. Die tiefste Absenkung betrug 9,50 m, die in drei Staffeln ausgeführt wurde. Die mittlere nutzbare Absenkung war 4,5 m tief bei einer Gesamtabsenkungsfläche von 24 000 m². Der Betrieb währte vom September 1911 bis zum Dezember 1912.

Für die Ausführung waren an Maschinenanlagen vorhanden 13 Maschinensätze, bestehend aus je einer Kreiselpumpe mit einem Rohranschluss

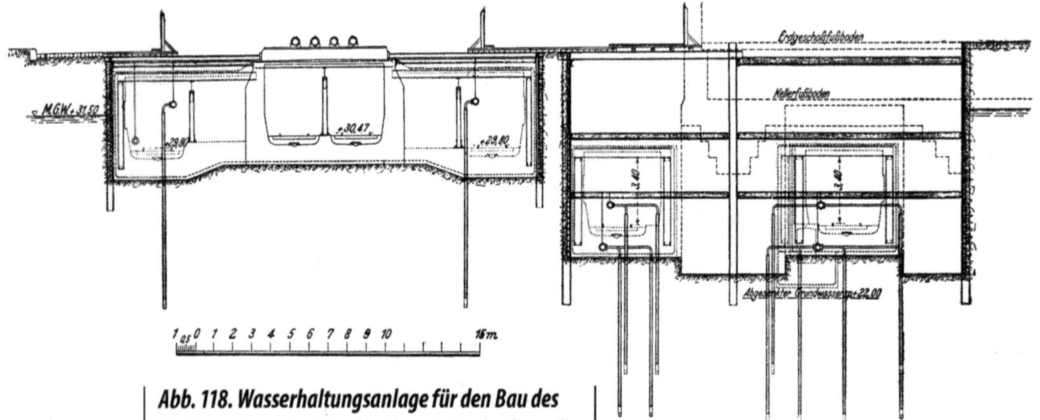

Abb. 118. Wasserhaltungsanlage für den Bau des Tieftunnels an der Ecke der Tauentzienstraße und Nürnbergerstraße Tiefe der Absenkung 9,5 m.

von 250–300 mm lichter Weite und je einem Elektromotor von 36–80 PS für den regelmäßigen Betrieb und acht ebensolche Maschinensätze als Reserve.

Der Antrieb der Kreiselpumpen erfolgte elektrisch; den hierzu erforderlichen Gleichstrom von 750 Volt Spannung lieferte die Hochbahngesellschaft aus ihren Kraftwerken Trebbiner Straße und Unterspree in gegenseitiger Aushilfe. ❐

Alfred Wedemeyer

Die Verlängerung der Berliner Schnellbahn Thielplatz – Krumme Lanke

DEUTSCHE BAUZEITUNG • 29.3.1930

Im Jahr 1926 ist die Hoch- und Untergrundbahn durch Erwerb des Hauptteiles der Aktien in den Besitz der Stadt Berlin übergegangen, mit Ausnahme der etwa 2,8 km langen Dahlemer Strecke zwischen den Bahnhöfen Breitenbachplatz und Thielplatz. Diese war Eigentum des Fiskus, vertreten durch die Kommission für die Aufteilung der Domäne Dahlem, Dahlemkommission, für deren Rechnung sie von der Hochbahngesellschaft betrieben wurde. Gelegentlich der 1920 erfolgten Bildung der Einheitsgemeinde Groß-Berlin wollte der Fiskus das Eigentum der Dahlemer Bahn auf die Stadt übertragen. Diese lehnte aber den Antrag wegen der sehr hohen Zuschüsse für die nicht rentable Bahn ab. In dem anhängig gemachten Prozess wurde durch Urteil des Reichsgerichtes vom 7. März 1924 die Begründung der Stadt bestätigt und festgestellt, dass die Dahlemer Bahn Eigentum des Fiskus ist.

Inzwischen hatte die Dahlemkommission das im Einflussgebiet der Dahlemer Bahn liegende Gelände zum größten Teil verkauft und die Bahn hatte den mit ihr

Abb. 119. Bahnhof Krumme Lanke. Empfangsgebäude.
Wände und Decke des Vordachs weißer Terranovaputz, mit Kunststeinsockel. Eiserne Fenster und Türen der Empfangshalle, Holzfenster hellolivgrün. Oberlichter der Türen schwarze Scheiben mit weißen Schriftbändern. Beleuchtung unter Vordach weiße Mattglasschalen in weißen eisenemaillierten Fassungen.

**Abb. 120. Elektrisch angetriebener Eimerbagger
beim Aushub des Bahneinschnittes.**

verfolgten Zweck erfüllt. Die Dahlem-
kommission trat nun erneut mit dem
Ersuchen an die Hochbahngesellschaft
heran, das Eigentum und den Betrieb
der Dahlemer Strecke zu übernehmen.
Diese ging dann am 1. Januar 1928 in
den Besitz der Stadt über. Gelegentlich
der Verhandlungen wurde die Verlängerung der Schnellbahn nach Zehlendorf
erwogen. Von den vom Bezirksamt Zehlendorf geplanten beiden Trassen, eine
durch die Kronprinzenallee zum Bahnhof Zehlendorf-Mitte und die andere
mehr westlich verlaufende zum Bahnhof Zehlendorf West, wurde die Letzte-

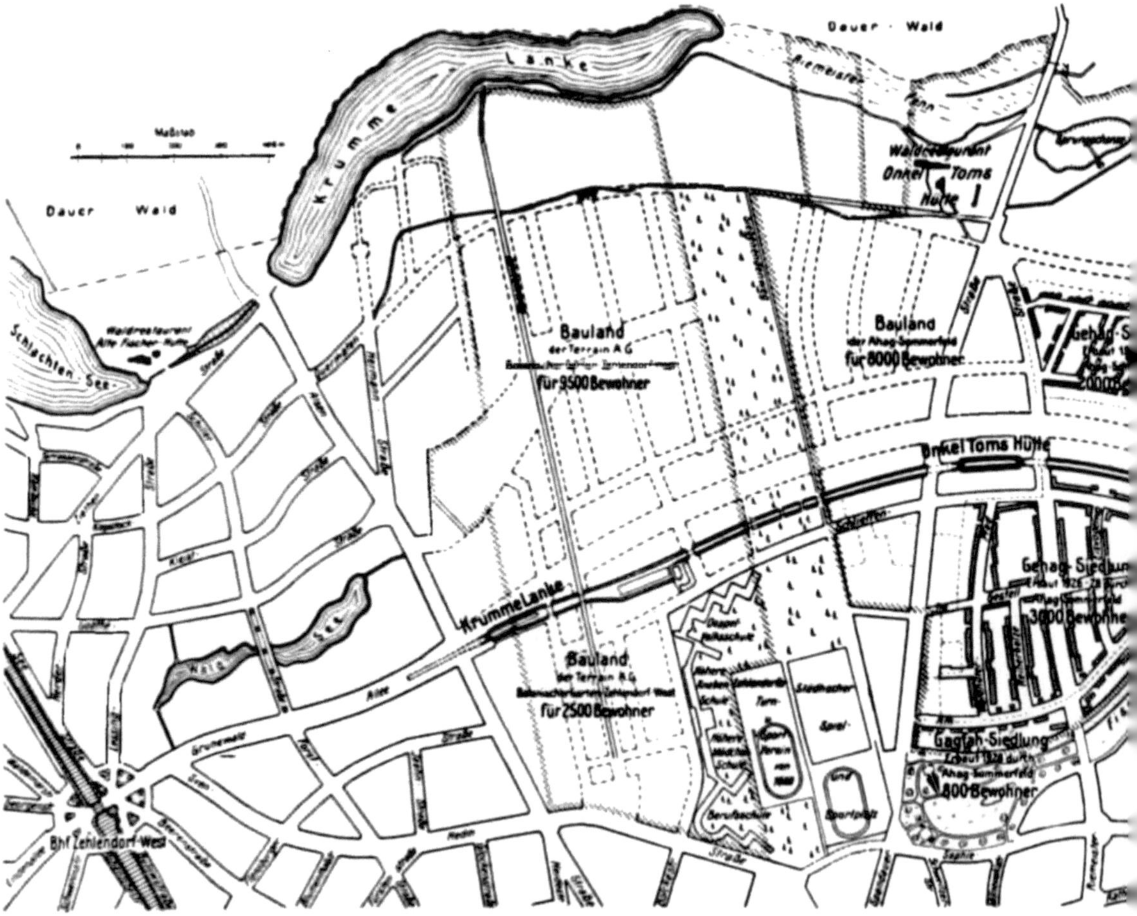

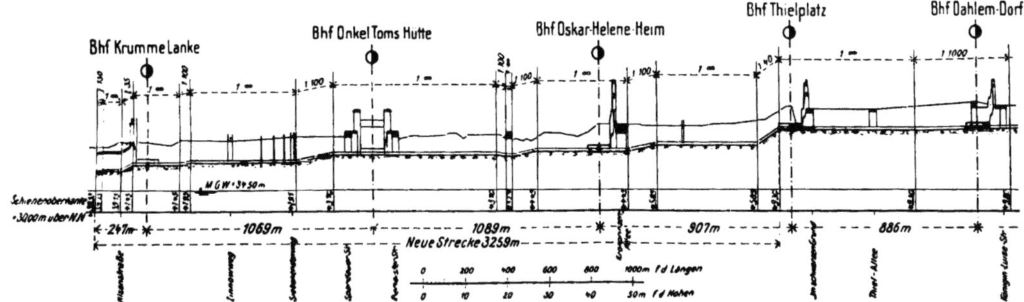

Abb. 122. Profilschnitt.

re gewählt, da hierfür der erforderliche Geländestreifen bereits im Generalbebauungsplan ausgewiesen war. Außerdem wird durch diese Linie ein für den Ausflugsverkehr bedeutungsvolles Waldgebiet mit Badegelegenheiten an der Krummen Lanke und dem Schlachtensee erschlossen und die in späterer Zukunft erwünschte Verlängerung zu dem südlich der Berlin-Potsdamer Bahn liegenden städtischen Düppeler Gelände ermöglicht. Ferner wurden von dem Sommerfeld-Konzern Wohnbaugeländebesitz zur Verfügung und weitere Leistungen in Aussicht gestellt, die die Stadt Berlin von einer nennenswerten finanziellen Beteiligung befreite.

Der Sommerfeld-Konzern umfasst drei Firmen, die sich für den vorliegenden Zweck zu einem Bahnbaukonsortium zusammengeschlossen haben: Allgemeine Häuserbau AG von 1872 Adolf Sommerfeld (Ahag), Terrain AG Botanischer Garten Zehlendorf-West und Adolf Sommerfeld Bauausführungen.

Für die Übernahme der Dahlemer Schnellbahn und den Bau der etwa 3.5 km langen Verlängerungsstrecke bis

Abb. 121. Linienplan.

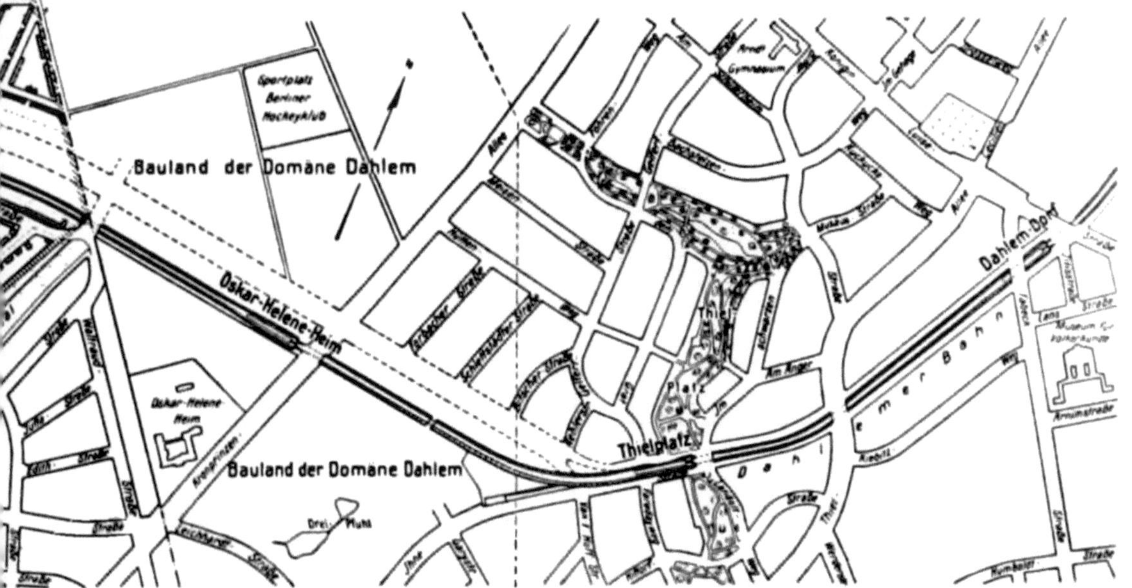

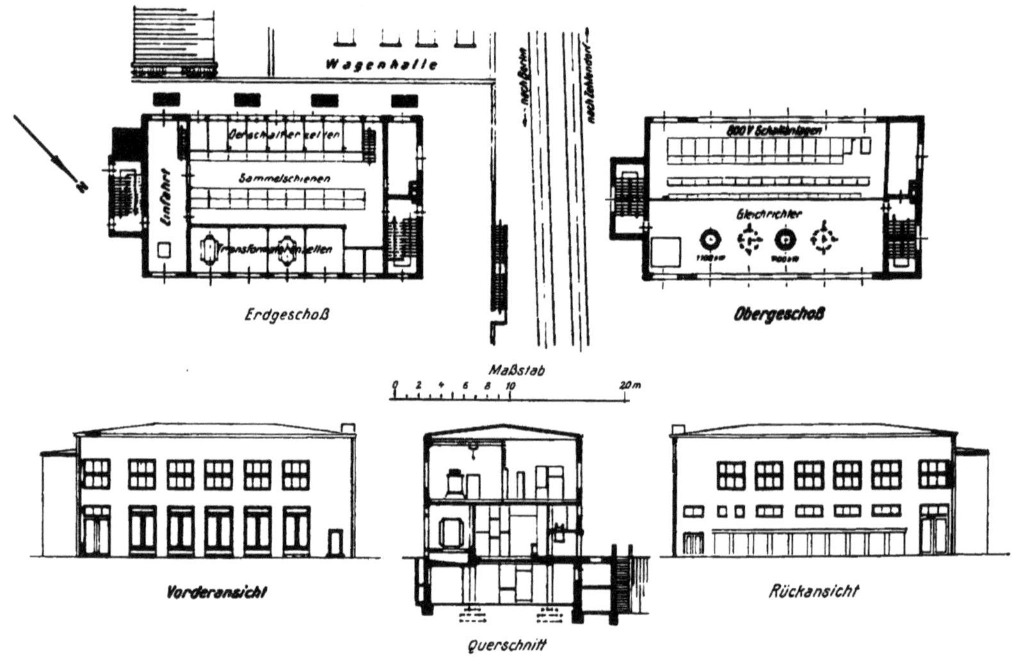

Abb. 123. Umformerwerk Zehlendorf. Grundrisse, Ansichten und Schnitt.

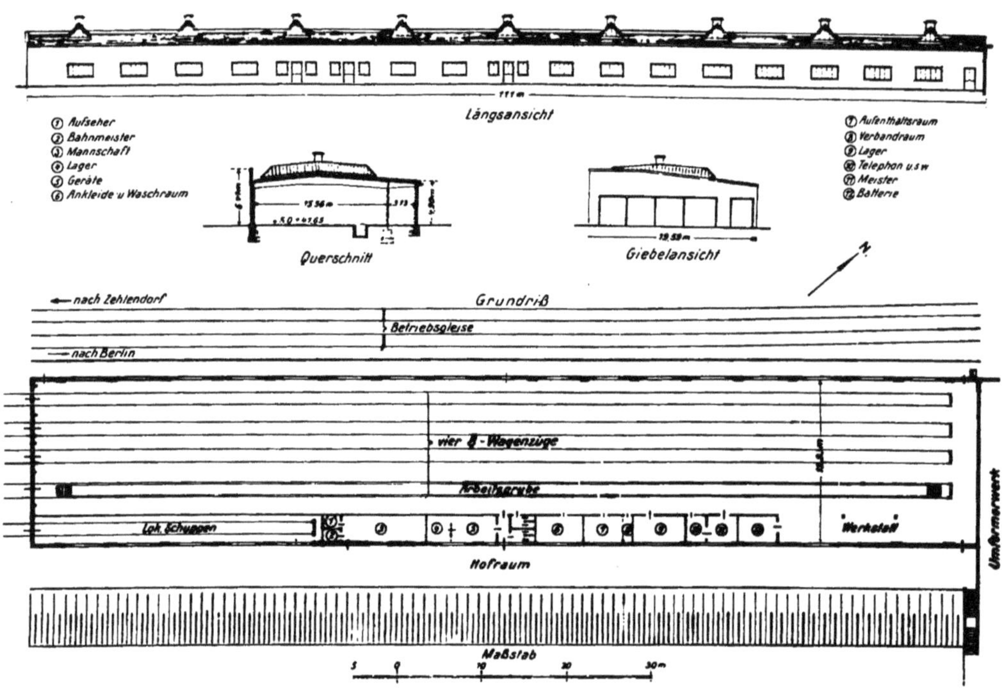

Abb. 124. Wagenhalle Zehlendorf. Ansicht, Schnitte und Grundriss.

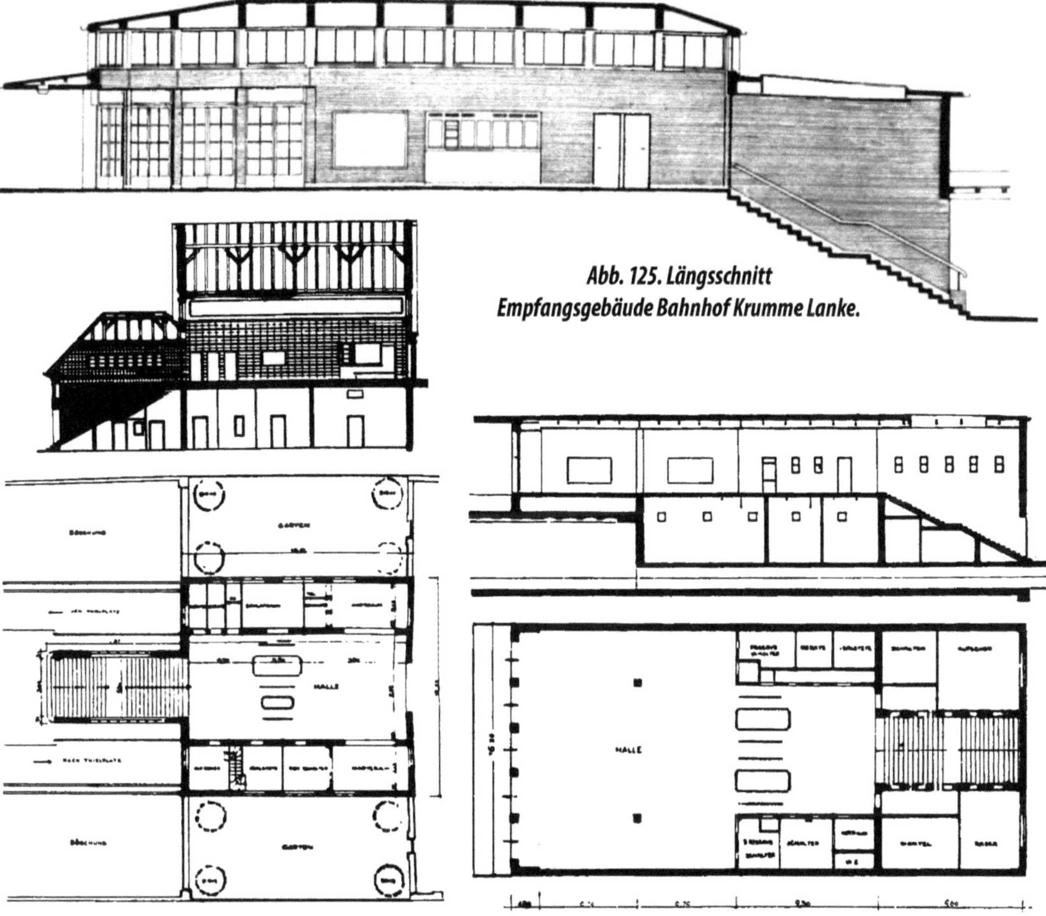

Abb. 126. Längsschnitt und Grundriss vom Empfangsgebäude des Bahnhofs Oskar-Helene-Heim.

Abb. 127. Längsschnitt und Grundriss vom Empfangsgebäude des Bahnhofs Onkel Toms Hütte.

zum Bahnhof Krumme Lanke *(vgl. den Linienplan Abb. 121 und den Höhenplan Abb. 122)* waren folgende Bedingungen vereinbart worden:

1. Der Fiskus tritt die Bahn einschließlich des Betriebsbahnhofes, eine Geländefläche von rund 7500 m² und das für die Verlängerung der Bahn innerhalb des fiskalischen Grundbesitzes benötigte Gelände lasten- und schuldenfrei und unentgeltlich an die Stadt ab.

2. Die Hochbahngesellschaft erhält für die Übernahme der gesamten Betriebsfehlbeträge vom Jahr 1928 ab eine Pauschalabfindung von 1 Mill. Mark.

3. Der Fiskus leistet zu den Kosten der Verlängerungsstrecke nach Zehlendorf einen Beitrag von 850 000 Mark.

4. Der Sommerfeldkonzern stellt das innerhalb seines Grundbesitzes für die Bahn benötigte Gelände zwischen der Dahlemer Grenze und dem Bahnhof Krumme Lanke von

rund 37 000 m² kostenlos zur Verfügung und führt den Rohbau der gesamten Verlängerungsstrecke Thielplatz – Krumme Lanke einschließlich der Straßenüberführungen und des Bahnhofsgebäudes Krumme Lanke auf seine Kosten aus.

Mit den Bauarbeiten wurde Anfang April 1929 begonnen, und die neue Strecke konnte bereits am 22. Dezember 1929 eröffnet werden. Diese kurze Bauzeit von knapp neun Monaten ist durch die Verwendung eines elektrisch angetriebenen Eimerbaggers mit einer Leistung von 200 m³/h *(Abb. 120)* und mehrerer Lorenzüge, die den ausgehobenen Sand auf Gleisanlagen zur Aufhöhung des Geländes, der Brücken und Straßen abrollten, erzielt worden.

Die neue Bahnlinie *(Abb. 121 u. 122)* läuft vom Bahnhof Thielplatz nach einem kurzen Bogen in gerader Linie auf 1300 m Länge durch ein noch unbebautes Gelände der Domäne Dahlem, in deren Mitte der Bahnhof Oskar Helene-Heim liegt. Von hier geht sie in einem schwachen Bogen auf 1700 m Länge im Wesentlichen durch Geländestreifen, die vom Sommerfeld-Konzern zur Verfügung gestellt worden sind, zu dem vorläufigen Endpunkt, dem Bahnhof Krumme Lanke. Zwischen den Bahnhöfen Onkel Toms Hütte und Krumme Lanke durchschneidet die Bahn auf 150 m Länge eine Fläche, die sich im

Abb. 128. Bahnhof Oskar-Helene-Heim.
Wände Rathenower Handstrichverblender. Tür-, Fensterumrahmungen, Brüstungsband und Sockelleiste Muschelkalk. Holzfenster, Türen und Giebelfeld hellolivgrün, Deckleisten, Dachüberstände und Gesimse weiß. Dach schiefergraue Pfannen. Schrift Bronzebuchstaben. U Bronze mit Mattglas.

Abb. 129. Bahnhof Oskar-Helene-Heim.
Empfangshalle mit Warteraum.
Fußboden Asphalt. Wände hellolivgrüne Siegersdorfer Keramik-Riemchen mit dunkelgrauem Kunststeinsockel. Oberer Teil der Wände und Decke weiß. Sperrholztüren und Bänke hellolivgrün. Beleuchtung weiße Mattglaskugeln an Pendeln.

Besitz der Stadt Berlin befindet und als Grünfläche ausgewiesen ist. Sie verläuft als Einschnittbahn auf Hinterland im Inneren der Baublöcke.

Der Bahnhof Oskar Helene-Heim *(Abb. 126, 128 u. 129)* liegt mit seinem Eingang an der neu überbrückten Kronprinzenallee, und fügt sich das Empfangsgebäude in seiner architektonischen Gestaltung, die von dem Architekten Friedrich Hennings stammt, gefällig in die Waldumgebung ein. Zwischen den Bahnhöfen Oskar Helene-Heim und Onkel Toms Hütte befindet sich, als Verlängerung der Waltraudstraße, eine neue Brücke aus Eisenbeton mit Klinkerverkleidung *(Abb. 135)*. Der zwischen der Spandau-er Straße und Riemeisterstraße (die ebenfalls neue Überbrückungen des Bahneinschnittes erhielten) liegende Bahnhof Onkel Toms Hütte *(Abb. 127 u. 130)* hat an jeder der beiden Straßen Eingänge erhalten, da er für den Ausflugsverkehr eine einflussreiche Bedeutung haben wird. Von diesem Bahnhof führt die Linie unter mehreren neuen Brücken *(Abb. 134)* hindurch zu dem Endbahnhof Krumme Lanke *(Abb. 119, 125 u. 132)*, dessen Eingang sich an der Alsenstraße befindet.

Die Bahnsteige haben die auf der Stammbahn vorhandene Länge von 110 m und eine Breite von 8 m erhalten. Für den Bahnhof Onkel Toms Hütte ist wegen des Ausflugsverkehrs eine größe-

Abb. 130. Bahnhof Onkel Toms Hütte. Empfangshalle. Blick gegen Sperre.
Fußboden Asphalt. Wände gelbe Siegersdorfer Keramik-Riemchen mit Granitsockel. Decke weiß. Über der Treppe Oberlicht und Wandgemälde. Passimeter gelb. Eiserne Türen und Sperregeländer rot. Beleuchtung weiße Mattglasschalen in weißen eisenemaillierten Fassungen.

Abb. 131. Bahnhof Onkel Toms Hütte. Bahnsteig.
Fußboden Asphalt. Eisenkonstruktion, Oberlichtsprossen, Dachuntersicht und hölzerne Seitenwände gelb. Oberlicht Drahtglasverglasung. Wände der Bahnsteighäuschen gelbe Siegersdorfer Keramik-Riemchen mit Kunststeinsockel. Holzbänke olivgrün.

re Breite von rund 10 m und wegen der späteren Lage innerhalb eines Baublocks ein Oberlicht vorgesehen *(Abb. 131)*.

Mit Rücksicht auf den zu erwartenden starken Ausflugsverkehr der neuen Bahn hielt es die Aufsichtsbehörde für wünschenswert, die alte Wagenhalle am Bahnhof Thielplatz aufzugeben und sie in die Nähe des Bahnhofes Krumme Lanke zu verlegen. Die neue Halle kann vier Acht-Wagen-Züge aufnehmen und enthält außerdem eine Werkstatt und die erforderlichen Nebenräume *(Abb. 124)*.

Neben der Wagenhalle ist ein Umformerwerk, das die Bahn mit Strom versorgt, errichtet worden *(Abb. 124)*. Es entnimmt Drehstrom von 6000 Volt aus dem an der Birkbuschstraße in Steglitz gelegenen Umspannwerk der Bewag. Für die Umformung in Gleichstrom von 780 Volt sind zwei Großgleichrichter von je 11 000 kW aufgestellt. Für die spätere Weiterführung der Bahn ist noch Platz für zwei weitere Gleichrichter vorgesehen. Das Unterwerk wird automatisch bedient, und kann das Personal der Wagenhalle im Notfall hierzu herangezogen werden. Um das Umformerwerk gruppiert sich noch eine Wohnhausgruppe mit zehn Wohnungen von je 2½, einer von 3½ und zwei von je 4½ Zimmern einschl. Küche und Bad für Betriebsangestellte *(Abb. 133)*.

Die Entwürfe zu den Empfangsgebäuden der Bahnhöfe Onkel Toms Hütte

Abb. 132. Bahnhof Krumme Lanke. Empfangshalle.
Fußboden Asphalt. Wände hellolivgrüne Siegersdorfer Keramik-Riemchen mitdunkelgrauem Kunststeinsockel. Oberer Teil der Wände und Decke weiß. Sperrholztüren und Passimeter hellolivgrün. Beleuchtung weiße Mattglasschalen in weißen eisenemaillierten Fassungen.

Abb. 133. Umformerwerk und Wagenhalle Zehlendorf.
Wände Ilseklinker in Riemchenformat. Eisenfenster, Türen, Treppe, Regenrinnen und Abfallrohre hellolivgrün. Holzfenster weiß.

Abb. 134. Holzbrücke im Freigelände der Stadt Berlin.

Abb. 135. Eisenbetonbrücke.
Verkleidung Ilseklinker in Riemchenformat.

und Krumme Lanke, dem Umformerwerk, der Wagenhalle und Wohnhausgruppe stammen von Alfred Grenander. Die Bauten fügen sich in ihrer neuzeitlichen Formgebung harmonisch in die vorhandenen Siedlungen ein.

Das Verkehrsgebiet der neuen Bahn ist gegenwärtig im Bereich des Bahnhofs Oskar-Helene-Heim mit rund 2000, des Bahnhofes Onkel Toms Hütte mit rund 7800 und des Bahnhofes Krumme Lanke mit rund 2200, also insgesamt mit rund 12000 Einwohnern besiedelt. Bei voller Bebauung des Geländes können im Einflussgebiet des Bahnhofes Oskar Helene-Heim rund 3500, des Bahnhofes Onkel Toms Hütte rund 10000 und des Bahnhofes Krumme Lanke ebenfalls rund 10000, zusammen 23000 Einwohner angesiedelt werden. Die Gesamtbe-

wohnerzahl wird für den Ortsverkehr der neuen Bahn etwa 35500 betragen. Neben dem Ausflugsverkehr wird der Ortsverkehr durch die spätere Verlängerung zum Bahnhof Zehlendorf-West mit dem Übergang zur Wannseebahn noch eine Steigerung erfahren.

Von der Berliner Nordsüdbahn-Aktiengesellschaft ist der Oberbau in eigener Regie verlegt worden. Die elektrische Ausrüstung der Strecke haben die Siemens & Halske AG und die Siemens-Schuckertwerke AG, die Stromzuleitung die Allgemeine Elektrizitätsgesellschaft ausgeführt. Die Signaleinrichtungen sind von den Vereinigten Eisenbahn-Signalwerken geliefert und eingebaut worden. An der Eisenlieferung sind die Firmen Steffens & Nölle, Gossen und Achcenich beteiligt gewesen. ❑

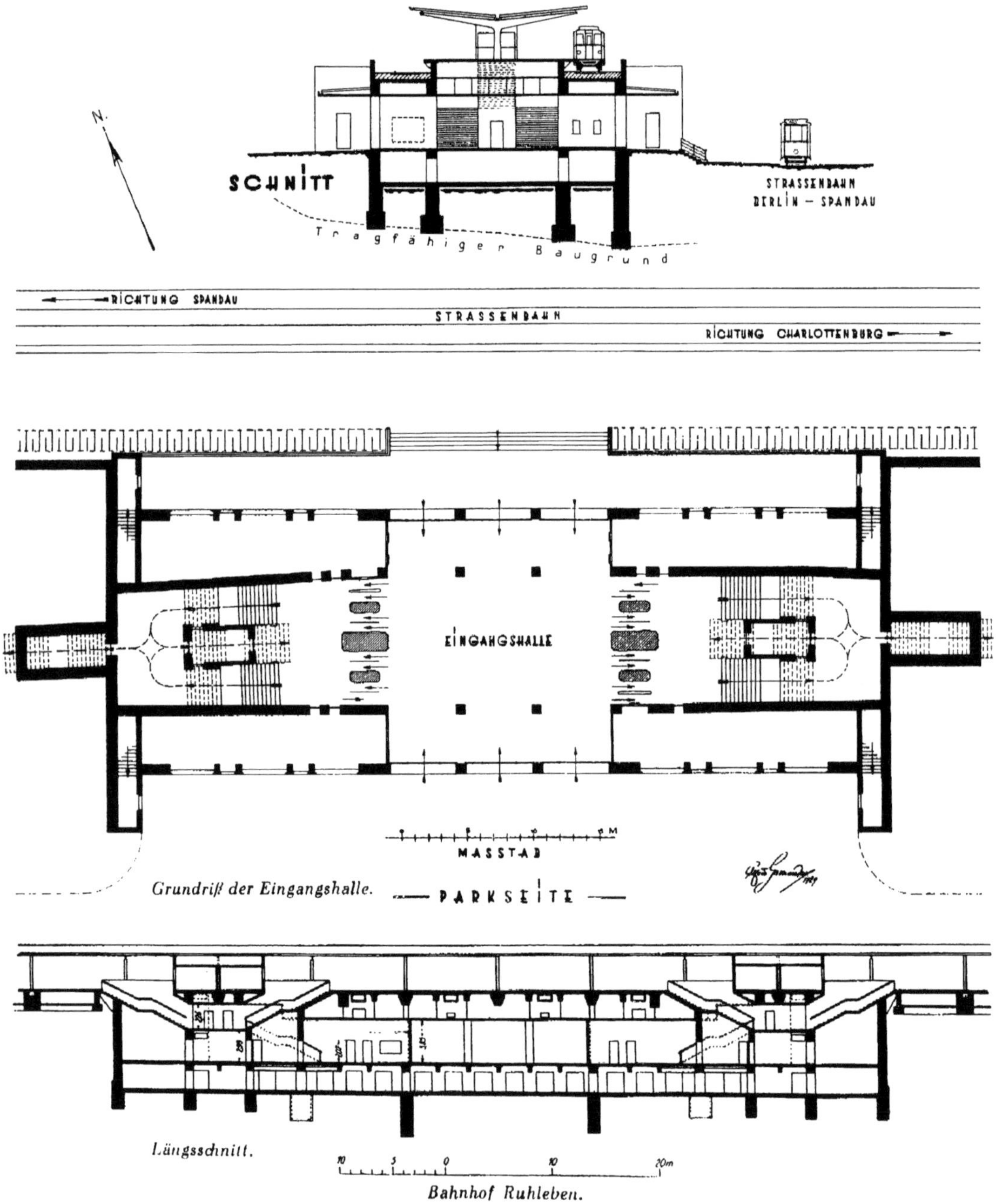

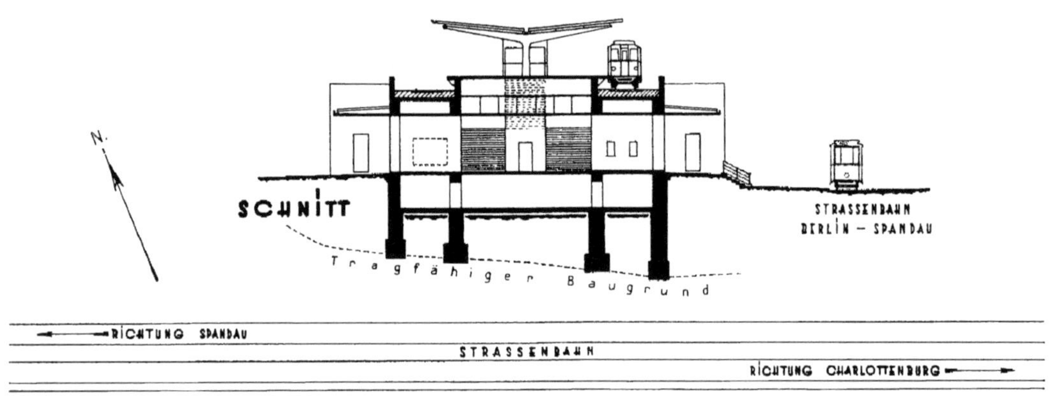

Abb. 136. Bahnhof Ruhleben. Schnitt und Grundriss.

Alfred Grenander

Neue Untergrundbahnhöfe in Charlottenburg und Zehlendorf

Zentralblatt der Bauverwaltung • 25.6.1930

Die hier gezeigten, im Laufe der beiden letzten Jahre entstandenen Bahnhofe werden dadurch gekennzeichnet, dass sie für ausgesprochenen Massenverkehr bestimmt sind. Der Bahnhof Ruhleben hat den Verkehr der benachbarten Rennbahn zu bewältigen. Er ist außerdem erster Abschnitt der Verlängerung der ältesten Ost-Weststrecke des Berliner Schnellbahnnetzes zum Anschluss des stark bevölkerten Industriebezirks Spandau. Die Strecke, die bisher – als Untergrundbahn gebaut – mit dem Bahnhof Stadion endete, wird als Dammbahn weitergeführt.

Die Bahnhofsräume sind in den Dammkörper hineingebaut und in der Richtung der Streckenachse entwickelt. Die Eingangshalle ist von den Hauptzubringerstraßen her, beiderseits des Dammes, zugänglich und verteilt den Benutzerstrom über zwei zweiarmige Treppen auf die Länge des Bahnsteiges (110 m). Dieser ist in der Mitte 11,30 m, an den Enden 8,0 m breit, so dass die Gleise an den Bahnsteigenden eine flache Kurve bilden. Ihr eindrucksvoller Linienzug wiederholt sich in der Kontur des hölzernen Schutzdachs, das von ein- bzw. zweistieligen Kragträgern getragen wird. Über den Einschnitten der beiden zweigeteilten Treppenmündungen und an den Bahnsteigenden sind zwischen Dach und Bahnsteig Einbauten mit Betriebs- und Aufenthaltsräumen eingeschaltet. Die weißen Keramikplatten

Abb. 137. Bahnhof Ruhleben. Nordseite.

Abb. 138. Überführung am Bahnhof Ruhleben.

Abb. 139. Bahnhof Ruhleben. Südseite.

Abb. 140. Bahnhof Ruhleben. Südseite.

der Außenwände setzen sich als glatte Brüstungsmauern der Treppenöffnungen fort, die Längenwirkung des Bahnsteigs unterstreichend. Sie übersetzen das Leichte und Knappe der Überdachungskonstruktion in Stein und leiten über zur gemauerten Eingangshalle innerhalb des Bahnkörpers. Deren Wände und Pfeiler sind, ohne alles formale Beiwerk, mit den gleichen weißen Keramikplatten bekleidet. In Zusammenwirkung mit den großen, in Eisenrahmen verglasten Tür- und Fensteröffnungen entsteht so ein Verkehrsraum, völlig neutral auf Funktionserfüllung abgestellt und doch von eigenartigem Reiz in seiner geschmeidig-straffen Fassung.

Im Zusammenhang mit der Verlängerung der Strecke bis Ruhleben erfuhr

der Bahnhof Stadion einen durchgreifenden Umbau. Er war ohnehin nötig zur Bewältigung des Massenverkehrs anlässlich der großen sportlichen Veranstaltungen auf der Rennbahn Grunewald und im Stadion, dem sportlichen Sammelpunkt Berlins. In dem neuen Empfangsgebäude werden zugleich die umfangreichen Zugsicherungs- und Signalanlagen für den unmittelbar anschließenden Betriebsbahnhof Grunewald eingebaut. Aus diesem Raumprogramm entwickelte sich ein langgestreckter, dreigeschossiger Baukörper, der – senkrecht zur Streckenrichtung – im mittleren Geschoss (Straßenhöhe) von der Haupthalle in ganzer Länge durchzogen wird. Von ihrer südlichen Längsseite führen drei Treppen

Abb. 141. Bahnhof Ruhleben. Eingangshalle.

Abb. 142. Bahnhof Ruhleben. Bahnsteig.

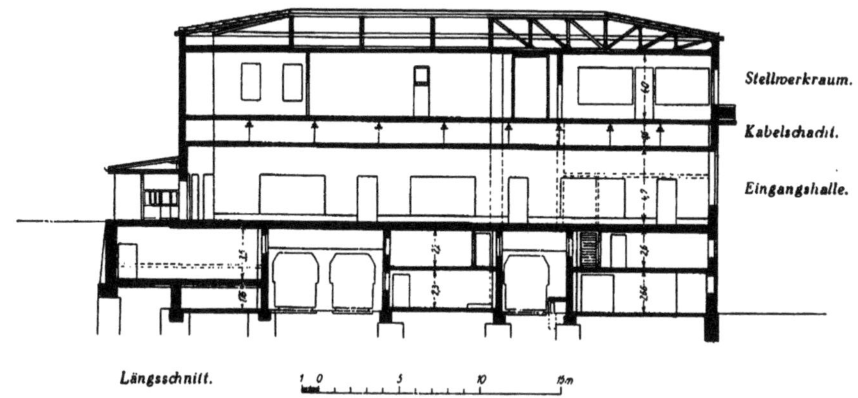

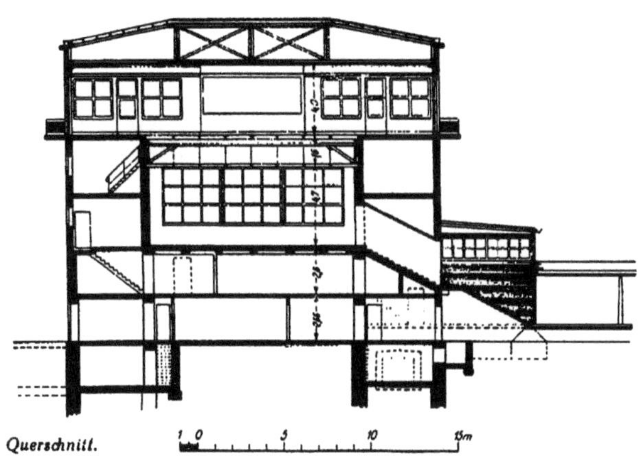

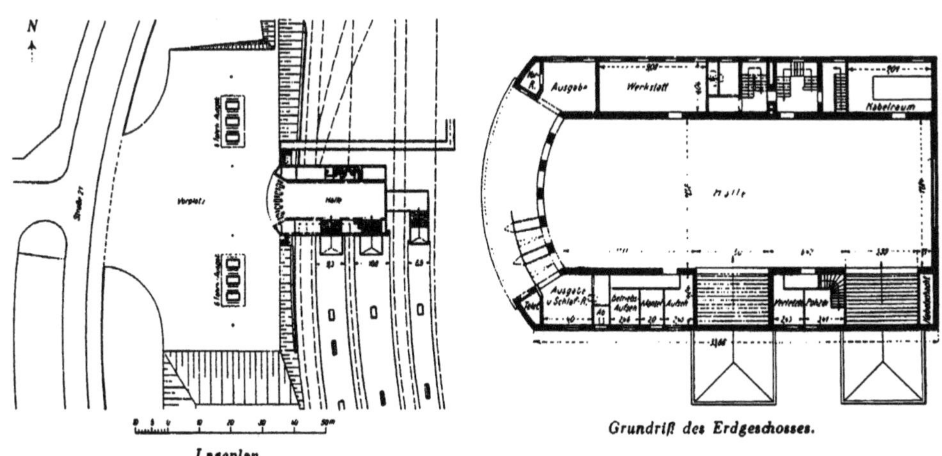

Abb. 143. Bahnhof Stadion. Schnitt und Grundriss.

auf die Mitte der drei Bahnsteige, an die fünf Gleise angeschlossen sind. An der zu einem Vorplatz erweiterten Zugangstraße biegt sich die Kopfseite der Eingangshalle aus, entsprechend dem konzentrischen Einströmen der Benut-

Abb. 144 / 145. Bahnhof Stadion.

zer, die bei großem Andrang die Fahrkarten an 12 Schaltern auf dem Vorplatz lösen. Die Gesamtform des Gebäudes umschreibt knapp und eindringlich den in der Haupthalle konzentrierten Verkehrsorganismus. Das Äußere, mit Klinkern verblendet, ist fertiggestellt, der innere Ausbau fehlt noch.

Die Bahnhöfe Onkel Toms Hütte und Krumme Lanke sind die beiden Hauptpunkte der im Jahr 1929 nach Südwesten verlängerten, in Richtung Zehlendorf ziehenden Strecke, die hier als Einschnittbahn gebaut ist. Neben einem sehr starken Ausflugsverkehr dient sie der Erschließung neuer Wohngebiete für über 30 000 Menschen, deren Ansiedlung bereits in großem Umfang begonnen hat.

Die Form des Bahnhofs Onkel Toms Hütte ergab sich aus seiner Lage zwischen zwei großen Ausfallstraßen, die er mit zwei symmetrisch den eigentlichen Bahnsteig abschließenden Eingangsgebäuden erfasst. Der Bahnsteig ist bei 11 m Länge 9 m breit und seitlich bis zu zwei Drittel der Höhe durch Bretterwände abgeschlossen. Ein Satteldachoberlicht in der ganzen Länge sichert eine genügende Beleuchtung, wenn die beiderseitig angrenzenden Grundstücke – wie vorgesehen – später bebaut sein werden.

Abb. 146. Bahnhof Krumme Lanke. Eingangshalle.

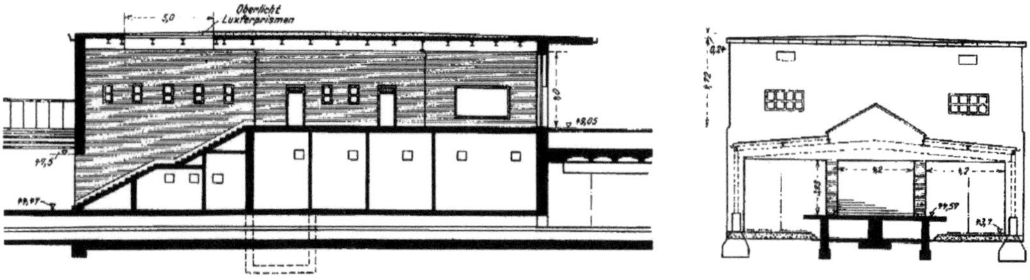

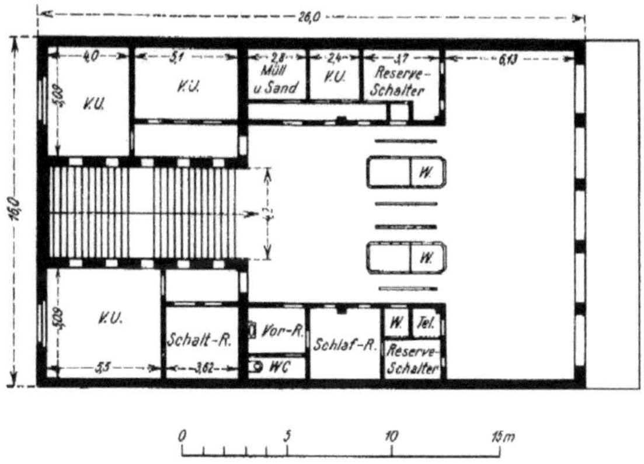

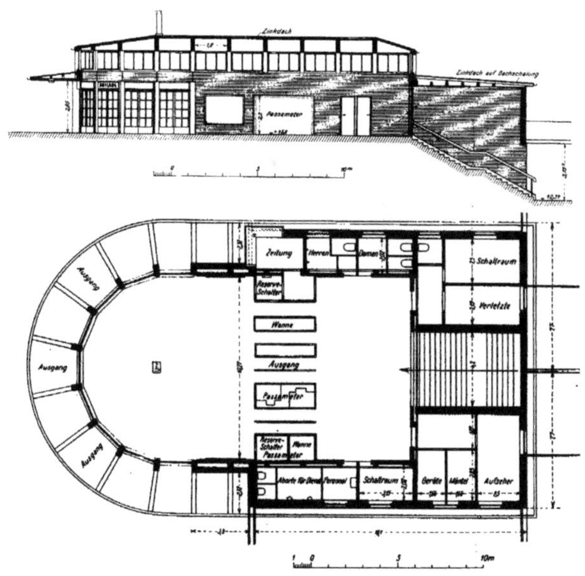

Abb. 147. Bahnhof
Onkel Toms Hütte.

Der Bahnhof Krumme Lanke wiederholt das Eingangssystem von Bahnhof Stadion, jedoch liegen Hallenlängsachse und Streckenachse in gleicher Richtung. Der Bau ist eingeschossig und außen verputzt. Die Haupthalle ist gegen die beiderseitig anschließenden Räume überhöht und erhält Seitenoberlicht über dein Vordach, das die Grundform der Halle und ihre Funktion wirkungsvoll vorbereitet. Der Innenraum ist mit hellgrünen Keramikplatten ausgekleidet. Die großen, in Eisenrahmen verglasten zusammenhängenden Türöffnungen beziehen das Bild der freien Landschaft ein. Alles ist licht und leicht, auf restlose Zweckerfüllung bedacht, dabei eindrucksvoll in der Geschlossenheit der räumlichen Wirkung. ❏

Abb. 148. Bahnhof Krumme Lanke.

Zur Geschichte der Berliner U-Bahnen

Friedrich Gerlach

Die elektrische Untergrundbahn der Stadt Schöneberg

Die 1910 eröffnete Untergrundbahn der damals noch selbstständigen Stadt Schöneberg – heute die Berliner Linie U 4 – war nicht nur die zweite U-Bahn in Deutschland, sie setzte auch neue Maßstäbe bei der Baulogistik und viele Verfahren der ›Berliner Bauweise‹ wurden hier zum ersten Mal angewendet. Dem Verfasser dieses Buches, Stadtbaurat Friedrich Gerlach (1856 – 1938), oblag die oberste Leitung für das Projekt der Schöneberger Untergrundbahn und so erfährt der Leser aus erster Hand, wie die Strecke geplant und gebaut wurde. Über 120 Zeichnungen und Fotos illustrieren dieses Zeitdokument der Berliner Verkehrsgeschichte.

• *ISBN 978-3-7519-1432-1*

Fritz Eiselen • Albert Hofmann

Die elektrische Hoch- und Untergrundbahn in Berlin

Mit der Eröffnung der Berliner Hoch- und Untergrundbahn am 18. Februar 1902 fanden zehn Jahre Planung und Bau der ersten deutschen U-Bahn ihren vorläufigen Abschluss. Die damaligen Redakteure der ›Deutschen Bauzeitung‹ Fritz Eiselen und Albert Hofmann schildern die Arbeiten aus Sicht der Ingenieure und Architekten. Dabei gehen sie nicht nur auf die technischen Aspekte ein, sondern widmen sich auch der künstlerischen Ausgestaltung der Strecke und der Bahnhöfe. Zahlreiche Fotos und Zeichnungen illustrieren dieses Zeitdokument der Berliner Verkehrsgeschichte.

• *ISBN 978-3-7528-9695-4*